日本酒外交

酒サムライ外交官、世界を行く

門司健次郎
Monji Kenjiro

a pilot of wisdom

目次

第四章　外交と日本酒―――125

図版作成／ＭＯＴＨＥＲ
文中写真は著者提供

はじめに

外交官として四三年間近く勤務しました。この間、最も多く受けた質問の一つが「何カ国語を話せますか」でした。これにはこう答えます。「話せるのは日本語、英語、フランス語の三カ国語です」。そして、さらに続けます。「話せないけれど飲める国なら一九三あります」。一九三は国連の加盟国数です。

外交官として多くの国でさまざまな酒を飲んできました。いずれの酒も、それぞれの国の風土・歴史や人々の生活に根ざしており、人々が誇りとする文化そのものであると感じました。人類と酒の歴史が背景にあるからかもしれません。酒の起源については諸説あります。古い物がワインとビールで、その発祥はワインが八〇〇〇年前、ビールが五〇〇〇年前とも言われます。私のお気に入りの説は歴史をはるかに遡ります。一〇〇〇万年前のアフリカで類人猿と人類が枝分かれする直前に、体内のＡＤＨ４という遺伝子が変異して、エタノール代謝を最大で四〇倍も速くする酵素が新たに出現したと言われます。人類の祖先はこの酵素のおかげで、木から落ちて完熟し、糖分、アルコールや他の栄養素に富んだ果実が食べられるようになり、そしてそのような祖先のみが生存競争に打ち勝って生き延びてきたそうなのです。定説では、人類は定住して農耕を始めてから酒を造るようになったということですが、私が好きなのは、そもそも酒を造るために定住して農耕を始めたとする大胆な仮説です。人類の進化に酒が大きな役割を果たしてきたのであれば、今日の我々があるのは酒のおかげであり、改めて酒のありがたさに感謝したいと思います。

そんな私が真の日本酒を知ったのは、外務省に入って十数年も経《た》った一九八〇年代末のことです。悪酔いするという偏見と二日酔いならぬ三日酔いの悲惨な体験から日本酒をひたすら敬遠してきたのですが、海外から帰って頻繁に見かけるようになった日本酒の記事が気になって、いくつかの銘柄を口にしてみたのです。それまでに飲んだどんな酒にもない新鮮さと美味《おい》しさに驚きました。ただちに銘酒を求めて東京中の居酒屋を巡り始め、日本の外交官として日本の「国酒」を世界に広めなければならないと決意しました。以来、三〇年間にわたり内外で「日本酒外交」を展開してきました。二〇〇八年には日本酒普及への貢献により日本酒造青年協議会から「酒サムライ」の称号もいただきました。

また、日本酒に惹《ひ》かれる前も、その後も、世界のさまざまな酒を飲みました。外国でその国をよく知り、人々と親しくなるには、その国の料理と酒を彼らと一緒に味わうことが近道です。彼らの自慢の酒をよく知った上で日本酒を勧めることが大変効果的でした。この観点からは、日本酒を語る上で同じ醸造酒であるワインとビールを避けて通ることはできません。この両者は、蒸留酒のウィスキーと並び、世界中で造られ、飲まれているという意味で「世界酒」とも言える酒であり、日本酒の目指す目標でもあります。

これまでいろいろな方から日本酒の本を書くように勧められましたが、常に「本を書く時間があるのなら日本酒を飲みます」と答えていました。しかし、二〇一七年末に退官した後、これまでの日本酒をはじめとするお酒との付き合いを記録に残してみようかと思うようになりました。

その理由は、第一に、世界には素晴らしい酒があることを伝えたいからです。第二に、世界の酒を飲む中で遅ればせながら日本酒と出会い、日本にも世界に誇るべき酒があることと、ソフトパワーとしての日本酒の力に感激したからです。第三に、日本酒が生産と消費の低迷という大きな困難に直面している現状を憂い、何とか日本酒の復権を図りたいからです。そして最後に、日本酒に、ワインやビールのように世界中で飲まれる「世界酒」を目指してほしいと思うからです。

そこで、本書では、世界の酒との付き合い、衝撃的な日本酒との出会い、世界各国と日本国内で推進してきた日本酒外交、日本酒の置かれた厳しい状況、日本酒のユネスコ無形文化遺産登録を含む日本酒振興策などに触れたいと思います。ワイン、そしてビールの中でも特に印象的なベルギービールの世界にもページを割くつもりです。また、飲酒を禁ずるイスラム圏のイラクでの危険と隣り合わせの勤務が、日本のソフトパワーの持つ力に気付かせてくれた得がたい経験にも触れることとします。これらを通じて何よりも日本酒の素晴らしさとその可能性を伝えることができればと思います。

自宅にある酒関係の本を取り出して並べてみたら、退官直後にかなり処分したにもかかわらず二五〇冊以上あり、半分以上が日本酒関係でした。日本酒関係の本は、日本酒自体の解説、酒蔵や銘柄の紹介、蔵元や杜氏《とうじ》などの人物紹介、酒に関する蘊蓄《うんちく》、居酒屋紹介などに大別できます。本書は、これらのどれにも属しません。日本酒の造り方や料理とのペアリング、知っておくべき蔵や飲むべき銘柄、蔵元や杜氏の物語、訪ねるべき居酒屋などについては、それぞれのカテゴリーに多くの名著があるので、それらをお読みください。また、本書は自叙伝でも回想録でもありません。酒に特化しており、関わった仕事についてはほとんど触れていないからです。

本書の内容は、主に私が見聞きし、経験したことが中心であり、自分の意見として述べたものは全て個人的な見解であることをお断りしておきます。正確でない部分があればご容赦願います。そして、仕事そっちのけで酒ばかり飲んでいたのか、などとはくれぐれも思わないでいただけるよう切に願うものです。

なお、国内や海外でのお酒を巡る状況は、あくまでもその当時のものであり、現在では変わっている可能性があることもお断りしておきます。また、故人の場合を含め人名の肩書きは原則として当時のものにし、（当時）や（故）と付記することを避けました。主に参考にした文献については巻末に一括して掲載しました。

第一章　日本酒との真の出会いとそれまでのお酒との付き合い

1　日本酒との真の出会い

吟醸酒の衝撃

初めて日本酒を美味しいと思ったのは、一九八八年暮れ、三〇代も後半に入り、外務省入省から一三年以上も経ってのことでした。この日本酒との真の出会いが私の人生でも極めて重要な出来事の一つとなるのですが、まずなぜ「真の」出会いなのか、そして、なぜそれまで日本酒と縁がなかったかに触れねばなりません。

一九七一年四月、大学入学の直後にサークルの新入生歓迎コンパなるものに初めて参加し、大学のすぐ前にある居酒屋で飲み方も知らずに酒を飲んだというか、飲まされました。当時は日本酒、それも燗酒《かんざけ》の全盛期で多くのお銚子《ちょうし》が並んでいるのを見たのが最後の記憶です。二日酔いは三日目になっても収まらず、これで日本酒は不味《まず》くて危ない酒だという最悪のイメージが植え付けられてしまいました。未成年なのにけしからんと言われそうですが、私の年代の人間にとって飲酒年齢は今では考えられないほどルーズな扱いであり、二〇歳前にお酒を口にすることは珍しくなかったのです。これに懲りてその後は日本酒を飲むことはなく、ウィスキー、ブランデー、ワイン、ビールなどの洋酒を愉《たの》しむことになりましたが、それについては後で触れます。この日本酒との悲惨な出会いゆえに、美味しい日本酒との真の出会いはずっと後のことになったのです。

フランスでの研修を除き初めての在外勤務となったオーストラリアから帰国したのが、一九八八年六月です。新聞や雑誌で頻繁に日本酒の記事を見かけるようになり、気になって口にした日本酒は衝撃的でした。フルーティな香りに驚かされ、口に含むと爽やかなのにコクもある。長い間敬遠してきた日本酒とは全く別物でした。日本にも世界に誇れる酒があったのだと感激し、これこそが日本の「国酒」だと嬉《うれ》しさがこみ上げてきました。日本には世界に自慢できる酒がないからと洋酒ばかり飲んできたのですが、日本の外交官として悔しい思いもありました。そこに素晴らしい酒が舞い降りたのです。それが当時市場に出回り始めていた吟醸酒でした。

ただちに銘酒を求めて東京中の居酒屋を訪ね、飲み歩きました。九〇年当時のリストには、書き忘れも多いのですが、約一〇〇銘柄が記載されています。吟醸や純米など数種類を試した銘柄も多いので、ラベルでいうと三〇〇ほどでしょうか。北から主要なもののみを挙げると、男山、千歳鶴《ちとせつる》、田酒《でんしゅ》、両関、雪の茅舎《ぼうしゃ》、刈穂、米鶴《よねつる》、大山、出羽桜、初孫、一ノ蔵、浦霞《うらかすみ》、清泉《きよいずみ》、白瀧《しらたき》、八海山、久保田、〆張鶴《しめはりつる》、吉乃川《よしのがわ》、越乃寒梅《こしのかんばい》、立山《たてやま》、銀盤、菊姫、天狗舞《てんぐまい》、獅子《しし》の里、富久駒《ふくこま》、天鷹《てんたか》、東力士《あずまりきし》、郷乃誉《さとのほまれ》、神亀《しんかめ》、岩の井、春鶯囀《しゅんのうてん》、真《ま》澄《すみ》、開運、若竹鬼ころし、三千盛《みちさかり》、飛騨《ひだ》鬼ころし、醴泉《れいせん》、月の桂《かつら》、玉乃光《たまのひかり》、諏訪泉《すわいずみ》、李白《りはく》、賀茂泉《かもいずみ》、誠鏡《せいきょう》、金陵、川鶴《かわつる》、梅錦《うめにしき》、土佐鶴、司牡丹《つかさぼたん》、三井《みい》の寿、美少年などです。飲んだ場所は、挙げ始めると際限がありませんが、きたやま、酒ばやしハンナ、赤鬼、酒膳一《いち》文《もん》、喜《き》よし、シンスケ、味里《みさと》、三春駒《みはるごま》、絵馬亭、花ふぶきなど当時の名店が含まれています。最初は一人で訪ね、気に入った店にはいろんな人を連れ出しました。

銘酒居酒屋・串駒《くしこま》に辿《たど》り着く

そして一九九〇年七月に豊島《としま》区大塚の串駒に辿り着いたことが、その後の私の酒人生、いや人生そのものを変えることにつながります。初訪問の日からご主人の大林禎《てい》さんと意気投合し、頻繁に通うことになりました。串駒は八〇年創業の日本の銘酒居酒屋の嚆矢《こうし》です。残念なことに大林さんは二〇一四年に他界されました。パリに赴任中でお葬式に参列できなかったのが悔やまれます。大林さんが全国の蔵を巡って見つけ出した至極の名酒が大型のリーチイン冷蔵庫に今でも保管されています。また大林さんは、お酒だけでなく美味しく珍しい食材の発掘にも熱心でした。串駒で多くの素晴らしい酒と肴《さかな》を味わい、多くの酒好きのお客さんと親しくなることができました。

当時所属していた会計課の仕事は忙しく、午後一〇時に退庁できれば早い方でした。半時間かけて串駒に出向き、〇時四一分大塚駅発の山手線内回り最終電車で帰宅していました。たまたま同じ山手線の新大久保にある公務員宿舎に住んでおり、非常に便利だったの

串駒にて。大林禎さん（右から二人目）、仲間たちと私（左端）

です。その後も海外勤務から日本に戻る際にはできるだけ早く申し込んで、何とか新大久保や高田馬場の公務員宿舎に入れるように頑張りました。串駒への通いやすさを考慮したからです。九一年の年初にベルギー大使館勤務に発令になってから多くの歓送会が開かれることとなり、「会場として可能であれば串駒を」と希望したので、一カ月に一〇回以上赴くことになりました。日本出発前の最高の思い出です。串駒は、大林さんの奥様の雪江さんが女将《おかみ》として現在も多くの愛飲家を集めています。

ひたすら良い酒との出会いを求めましたが、串駒との出会いから半年後にはベルギー赴任で東京を離れることになってしまいました。居酒屋も含め日本酒との付き合いについての詳細は、第五章の日本酒外交の部分で述べることとし、ここでは外交官人生の半ばにしてようやく真の日本酒と邂逅《かいこう》したことに触れるに留《とど》めておきます。

2 お酒との付き合い―日本酒と出会うまで

最初の酒の記憶

最初のお酒のおぼろげな記憶は、小学校低学年の頃のお正月のことです。年始客にご挨拶しなさいと親に言われて座敷に顔を出し、なぜかお客さんから渡されたお猪口《ちょこ》を口にしたことがあったようなのです。味の記憶は全くありませんが、その方からお年玉をもらって喜んだことはよく覚えています。その頃は酒といえば日本酒だったのだなあ、と今になって思います。

初めてしっかりとビールを飲んだのは一七歳の時、ＡＦＳという非営利団体による交換留学制度で米国ニューヨーク州北部の小さな町の高校に一年間留学していた一九七〇年の初夏のことです。卒業を数週間後に控えた金曜日の夜、町外れのメープルロードに仲の良い級友たちが続々と集まり、近づく別れを惜しんで遅くまで缶ビールを手にして語り合ったのは懐かしい思い出です。お酒は二一歳以上でないと買えないはずなのに、誰かがしっかりと数カートンのビールを持ってきてくれました。後のカナダ滞在中の二〇一五年に卒業四五周年の同窓会出席のために町を訪ね、初めて昼間にメープルロードを通ったのですが、ただの畑の真ん中の何もない所でした。それでもこの道の名前は多くの級友の記憶に刻み込まれています。

ワインと名の付く飲料を試したのも高校生の頃です。その時の赤玉ポートワインが一般に言われるワインではないと知るのは、しばらく後に渋くて飲みにくい普通の「ワイン」を口にした時のことでした。そして、やはり高校生の頃口にした初めてのウィスキーも忘れられません。ショットグラス半分のサントリー角瓶です。アルコール度が高くてとても飲めません。赤玉ポートワインの甘味を思い出し、砂糖を入れて掻《か》き混ぜ、甘くした液体を嘗《な》めるように味わいました。「あれは水で割って飲むもんだよ」と友人から教えられたのは大学生になってからです。水割りなど全く知らず、直感的に甘くすれば飲めると思ったのは、自覚はないものの酒に強いことの証《あかし》かもしれません。

お酒が飲める歳《とし》になった

日本酒との苦い出会いについてはすでに触れました。これに懲りて飲酒年齢に達しても日本酒は口にせず、飲むのはもっぱらウィスキーやブランデーでした。水割りでは味も香りも失われるので、オンザロックです。航空会社に勤めていた兄のおかげで多くの銘柄のスコッチウィスキーを入手できたのはありがたいことでした。

ワインはブーム到来前で全く馴染《なじ》みがありませんでしたが、フランス語勉強の名目で一九七二年秋にパリを訪ね、初めて本物のワインの世界を覗《のぞ》くことができました。フランス人家庭に一週間ホームステイさせてもらい、初めて本物のワイン、それも一九五九年という天候に恵まれた当たり年のブルゴーニュの赤を飲む機会があったのです。その美味しさに感激し、さまざまな美酒を飲んでみたいと思うようになりました。

フランスでは子供でもワインを水のように飲むと聞いていたので、そう片言のフランス語で言ったら、大いに笑われ、「フランスでは子供には水で割ったワインを与える」と返されました。やはり子供の頃から飲むんだ、と感心したのを覚えています。驚いたことに、フランスでは学校のカフェテリアで一四歳未満の生徒にワインを出すのを止《や》めたのが一九五六年、高校（リセ）については一九八一年とのことです。毎日、ランチはバゲットパンにハムやサラミとチーズを挟み、一本二〇〇円ほどの赤ワインを飲んだのですが、美味しさに感激したものです。

3　外交官としてワインの本場フランスで研修（一九七六〜七八年）

研修語にフランス語を選ぶ

一九七五年に大学を卒業し、外務省に入省しました。一年間東京の外務本省に勤務した後、研修のため海外に出ます。行き先は研修言語により決まります。当時、研修言語は、英語、フランス語、ドイツ語、スペイン語、中国語、ロシア語、アラビア語の七カ国語の中から割り当てられることになっていました。また、何年かごとにポルトガル語や朝鮮語など、使われている国の数は少ないものの主要国で話されている言語が追加されていました。入省前に希望語学調査が行われ、調査票には第五希望まで書く欄がありましたが、大学の第二外国語でフランス語を学び、前述のようにフランスでホームステイしたこともあったので、フランス語、英語の順で第二希望まで書いて提出しました。

後日、個別に面接があり、面接官からいきなり「朝鮮語はどうですか」と聞かれて驚きました。同時に、自分の中高生時代の経験を思い出しました。当時、地元の北九州では非常に電波の強い朝鮮語放送のせいでオールナイトニッポンなど民放ラジオ局のお気に入り深夜番組がしばしば聞き取れなくて困ったのです。朝鮮語について正面から断るのもどうかと思い、「目標としていた外交官になり、せっかく海外で研修することになる以上、東京の本省に戻るより実家の方が近い所にはあまり気が乗りません」と答えたら、面接官はちょっと間を置いたものの、なんとそのまま次の質問に移りました。しばらくして希望通りフランス語になったとの通知を受け取りましたが、本当に幸運でした。何しろワインの本場で研修できたのですから。ここでフランスに行かなければワインに親しむこともなく、日本酒に惹かれることもなかったかもしれません。

フランスを知るには料理とワインから

一九七六年から七八年までの二年間、在フランス日本大使館付き外交官補という身分で南フランスのモンペリエ大学法学部大学院とパリの国立行政学院（ＥＮＡ）で法律、政治、フランス語などを勉強しました。一番学ぶべきはフランスという国と社会、そしてフランスの人々のことです。そして、フランス人を理解するには、フランス料理とワインを知ることが近道だと思い、これを最優先課題としました。

フランスの大学には国からの補助があり、カフェテリアで安く美味しいランチが提供されます。驚いたことに、水、ビール、ワインが同じ値段なのです。日本でミネラルウォーターを買うことが一般的になったのはずっと後の九〇年代後半であり、水は無料が当たり前の時代でしたので、水にお金を払うことが信じられませんでした。水とワインが同じ値段であれば、日本人なら下戸でない限りワインを選ぶでしょう。ランチでも皆がワインを飲んでいます。食事には常にワインが付き物なのだと得心し、自ら実践しました。

一人で、また、友人たちと大いに食べ歩き、飲み歩きました。気楽なビストロからミシュランの星付きレストランまで多くのレストランに通い、毎回新しい料理を注文し、ありとあらゆるワインをたくさん飲みました。普段は安い物、手頃な物ですが、たまに気負って入った高級レストランでは料理を注文してからソムリエにお勧めのワインを尋ねていました。もちろん「高すぎない物で」と付け加えるのも忘れません。

初めて訪ねた三つ星レストランは、モンペリエからそれほど遠くない南仏プロバンス地方のウストー・ド・ボーマニエールです。かつてアルミニウムの原料であるボーキサイトの鉱山のあったレ・ボー・ド・プロバンスという辺鄙《へんぴ》な場所にある町のレストランです。ボーキサイトの名前はこの町名に由来します。名物料理は子羊の腿肉《ももにく》パイ包み焼き。ワインは、コート・デュ・ローヌ最南部でレストランにも近いシャトー・ヌフ・デュ・パープの赤でした。当時、フランスでアルコール度が一番高かったワインです。

最も印象に残った店は、リヨン近郊のヴィエンヌという町にある名店中の名店、ピラミッドです。フランス料理界の巨匠フェルナン・ポワン氏が亡くなられた後、マダム・ポワンが店を切り盛りしておられ、ソムリエのルイ・トマジ氏も健在でした。彼のお勧めに従って、最初にシャトーグリエの白、メインにコートロティの赤を堪能《たんのう》しました。

当時、新フランス料理で売り出し中のアラン・サンドランス氏の店、パリのアルケストラートにも行きました。それまで、フランス料理はオードブル、場合によりスープ、メイン一品か二品にデザートというコースが通例でしたが、新フランス料理では綺麗《きれい》に盛り付けられた少量の料理が七皿も八皿も出てきます。明らかに和食の影響を受けた提供の仕方です。しかし味については、伝統的なフランス料理より少し軽くなっているとはいえ、醤油《しょうゆ》やだし、わさび、柚《ゆず》、紫蘇《しそ》といった和の食材を用いることは認められておらず、和の影響は主として外形的なプレゼンテーションに留まっていると感じました。後に和食が世界的なブームとなり、フレンチのシェフが和の食材や技法を積極的に取り入れることになるとは思いもよりませんでした。このことは、ワインと日本酒との関係にも影響してきます。

フランス語最終試験スピーチのテーマは「ガイドブックとレストラン」

二年目の研修先であるパリの国立行政学院は、フランスの公務員養成機関です。その外国人コースには、日本の他、西ドイツ、英国、米国、カナダ、オーストラリアなどの公務員も参加しており、フランス語の授業もありました。フランス語の最終試験は、三人の試験官の前での二〇分間の発表と引き続いての一〇分間の口頭試問というものです。あくまでも語学の試験なので、発表のテーマに制約はなく、資料を用いる場合はあらかじめ提出しておきます。公務員という職業柄、ベルリンの壁、北方領土、ＥＣ（欧州共同体）などの政治・経済問題をテーマに選ぶ者が多かったようです。

私は「ガイドブックとレストラン」と題し、いくつかのお気に入りのレストランのメニューのコピーを資料として準備しました。出だしはこうです。「ガイドブックはレストランがあって初めて成立する。しかし、最近はガイドがレストランの命運を左右しているかに見える」。当時、フランスでミシュランやゴーエミヨなどのレストランガイドの人気が高まっており、毎年の星付き評価の発表が大きなイベントになっていました。そして、しばらく前に、ミシュランの星を失ったレストランのシェフの自殺が大きなニュースとなったのです。私の発表はこう続きます。「ガイドは便利だが、どの程度信頼できるのだろうか。味の客観的な評価はそもそも困難であり、ゲストの喜びや満足度は、本人の体調や精神状態、誰と食事するかにもよれば、シェフの体調などによっても変わってくるであろう」。資料のメニューから子羊の脳みそやカーン風もつ煮込みなど好きな料理も引用しつつフランス料理の説明を続けます。次に、それではガイドは不要なのかと問いかけ、店との出会いが大きく限られてしまうといった、ガイドがない場合の不都合も指摘します。結論は、「ガイドの限界をよく理解し、五〇パーセント程度の信頼性を置こう」というごく常識的なものでした。

口頭試問に移ると、「あなたはフランス料理についてしっかり話したのに、なぜ一度もワインに触れなかったのですか」と最初の質問が飛んで来ました。「多くのフランスワインを味わい、その素晴らしい世界に感激しましたが、偉大なワインにまで触れるには二〇分間では足りません。もしここでさらに一〇分いただけるのであれば、ワインへの深い敬意をお示ししたいと思います」と答えたら、「サ・バ、サ・バ（分かった、分かった）」ということで次に移り、ほっとしました。

一九七八年にフランスから帰国し、八六年まで七年半日本で勤務しました。この間、経済局で先進国経済を扱う経済協力開発機構（ＯＥＣＤ）、条約局で多数国間条約、そして北米局で日米安全保障条約と地位協定を担当し、とにかく忙しい毎日でした。お酒については、デパートの世界の酒フェスティバルなどでコストパフォーマンスのいいフランスワインを大量に購入して飲んだことや、さまざまなスコッチウィスキーやコニャックを楽しんだことは覚えていますが、忙しすぎて飲んだこと以外の記憶がほとんどありません。次の任地のオーストラリアに話を移しましょう。

4　最初の任地はオーストラリア（一九八六〜八八年）

台頭しつつあったオーストラリアワイン

一九八六年、在オーストラリア日本大使館の一等書記官として首都のキャンベラに赴任しました。外務省入省から一〇年以上経って初の外国勤務です。しかも研修地のフランスから最も遠い、地球の反対側の英語圏の国に行くことになったわけです。経済班で、二国間の経済関係を担当しました。

オーストラリアで初めて新世界ワインに出会うことになります。当時、オーストラリアワインは世界市場に台頭しつつあり、現地では多くの良質のワインを味わうことができました。最良のワインはペンフォールズ社のグランジ・ハーミテージでしたが、稀少《きしょう》で高価なので、滅多に口にできません。好みのワインは、白は南オーストラリア州アデレードヒルズのペタルマのシャルドネ、赤は、西オーストラリア州マーガレットリバーのいくつかのワイナリーのカベルネ・ソーヴィニョン。六つの州全てでワインが生産されており、ニューサウスウェールズ州のハンターバレー、ビクトリア州のヤラバレー、南オーストラリア州のバロッサバレーなどが有名で、タスマニア州も高級なワインの産地でした。大使主催の公邸での夕食会に同席し、主要なワインメーカー関係者から話を聞きましたが、当時はまだ小規模な経営が多く、輸出増大を目指すものの安定供給が課題であるとのことでした。生産者が熱意を持って大きな努力を払っていることがよく伝わってきました。

カスクワインの容器はただの紙パックではない

オーストラリアでの面白い発見がカスクワインでした。四リットル入りなどもある紙箱入りワインで、パーティや料理用の安価な日常ワインと受け取られていました。しかし、この容器は単なる紙パックではありません。カスクはオーストラリア人の発明で、硬い紙製の箱の中にはアルミ製の内袋が入っており、そこにワインが詰められます。気密性のあるバルブからワインを注ぐと内袋がしぼむようになっており、ワインが空気に触れないので長期の保存が可能なのです。

当時の日本では、ワインはそれほど飲まれていませんでした。七〇年代に「夫婦でワイン」というマンズワインのCMがありましたが、夫婦二人でも一晩で一本を空にするのはそう簡単ではなかったのではないでしょうか。そこで、リンデマン社の当主に、日本市場を狙って一リットル入りの小型で高級なカスクワインを作ってはどうかとのアイデアを話したことがあります。空気抜き栓のバキュバンは、会社設立が一九八六年ですから、当時はまだ普及していませんでした。ワインは開栓したその日のうちに飲み切る必要がありますが、ワイン消費量の少ない日本の家庭ではなかなかそうはいきません。しかし、長期保存に耐えるカスクワインなら消費を伸ばせるのではないかと思ったのです。このアイデアは実現しませんでしたが、その後オーストラリアワインの生産は拡大し、また、品質も向上して、日本を含め世界の市場で確固たる地位を占めるようになりました。

後で知ったのですが、二〇〇三年に米国カリフォルニア州のブラックボックスワインズ社が上質のカスクワインを生産し、低級なワイン用というカスクワインの既成概念を覆したそうです。さらにその一〇年後には、なんとフランスでも小型で高品質のカスクワインが誕生し、人気が出ているとのことです。安く作れて軽量のため、保管も輸送も楽であり、輸送時の二酸化炭素の排出を抑えられるなど今日の需要に合っているからでしょう。日本でワインの消費量が伸びているとはいえ、一人暮らしの方やあまり飲めない方にとってカスクワインはありがたいのではないでしょうか。上手《うま》く話が進んでいれば、ブラックボックスワインズ社より一五年も前に日本向けに製品化されていたかもしれないと空想して楽しんでいます。

お酒の持ち込みができるBYO

オーストラリアでのもう一つの発見はＢＹＯです。ブリング・ユア・オウンの頭文字で、この看板が掲げてあるレストランには自分の好きなワインを持ち込むことができます。日本では飲食店でアルコール類を提供するための免許は不要ですが、多くの国では免許を要します。オーストラリアでは免許の取得が厳しいようで、レストランでワインを提供できないのであればお客さんに持ってきてもらえばいいという実に合理的な発想です。高級レストランなど免許を有し、酒類を提供する店では持ち込みはできないのが通例ですが、中にはBYOを掲げる店もあります。開栓料はワインの価格にかかわらず一本あたりせいぜい数ドルなので、自分の高級ワインを持ち込んで飲んでも追加のコストなしというありがたい制度です。日本への帰国後、馴染みの居酒屋にこのことを話したら、導入してくれました。もちろん、開栓料はそれなりに取られましたが。

乾燥した大地の国で飲むビールの美味しさ

オーストラリアではビールもたくさん味わいました。ビールが美味しいと感じる理由の一つは首都キャンベラも含めオーストラリアの乾燥した気候のせいかもしれません。各州で独自のビールが造られており、フォスターズ、クラウンラガー、トゥイーズ、スワンなどの銘柄のラガータイプに加え、エールやビタータイプもありました。現在ではまるかに多くの種類が醸されています。私がこの上なく美味しいと思ったのが、西オーストラリア州のクーパーズ・スパークリング・エールです。他のビールにはないエール特有の香りとコクのある旨味《うまみ》が、後のベルギーでのビール探訪につながっていきます。

第二章　世界の酒を飲む―日本酒に出会ってから

一九八八年にオーストラリアから帰国し、九一年まで外務省大臣官房会計課の首席事務官を務めました。日本酒との出会いを果たした時期です。会計課は、外務省の予算編成・執行を担当する部署で、湾岸戦争時の一三〇億ドルの多国籍軍・周辺国支援も担当しました。また、外務大臣、政務次官や事務次官が会合、会食、レセプションなどを開催するゲストハウスの飯倉公館の管理も行い、ワインの在庫管理も担当しました。当時は早い時期に購入して飲み頃まで寝かせておくワインもあり、プロのソムリエから湿度維持などワインの管理について指導を受けたりもしました。会食やレセプションの人数や参加者のランクなどに応じて提供するワインを選定して推薦することも行いました。個人でもさまざまなワインを楽しみ、以前のフランスワイン一辺倒から新世界ワインへと対象が大きく広がりました。

美味しい日本酒を知ったことにより、日本酒を含むお酒全般に対してより真摯に向き合うようになりました。その後の世界の酒との付き合いを見ていきたいと思います。

1　「ビールの博物館」ベルギーでの勤務（一九九一～九三年、二〇〇一～〇三年）

ベルギービールはベルギーの人々の誇り

一九九一年二月、在ベルギー日本大使館一等書記官（後に参事官）としてベルギーの首都ブリュッセルに到着しました。着任直後に湾岸戦争地上戦が開始・終了し、年末にはソ連邦が崩壊するなど予想もできなかった現代史の大きな動きの中で、政務班長として日ベルギー関係の他、主としてＮＡＴＯと欧州安全保障を担当しました。

ベルギーには郷乃誉・純米大吟醸酒を持てるだけ持っての赴任であり、これが日本酒外交の実質的な出発点でした。そして、日本酒普及に加え、ベルギービールを極めることにも努力を払いました。

ベルギーは三つの共同体と三つの言語共同体という二層の六つの組織で構成される連邦国家で、特に南のフランス語圏と北のフラマン語（オランダ語）圏の対立には根深いものがあります。そんなベルギーの国家としての一体性を支えるものとして、王室の存在や宗教（カトリック）が引き合いに出されますが、近年は、これに加えサッカーとビールがよく挙げられます。サッカーの応援で人々の心が一つになり、皆が自国のビールに強い誇りを有しているからです。その証として二〇一六年には「ベルギーのビール文化」がユネスコ無形文化遺産に登録されています。

ベルギーには二年四カ月間勤務し、九三年に帰国しましたが、その八年後、英国勤務に続いて再度勤務することになります。その時は、欧州連合（EU）日本政府代表部公使のポストでした。わずか一年八カ月という短い勤務でしたが、二回計四年の滞在で四〇〇種類以上のビールを味わい、二五カ所の醸造所を訪ねることができました。帰国の内示があった時には、ビールを飲みきれていないので、もう少し長く置いてほしいと頼んだのですが、もちろん叶《かな》いませんでした。

ベルギービールの手ほどき

ここで、ベルギービールについて簡単に説明しておきます。

①ビールの博物館

「ベルギーは、さまざまな製造法により多種多様なビールが造られていることから、「ビールの博物館」と呼ばれています。ビールの主原料は麦芽とホップですが、ベルギーではさらに、小麦、果物、ハーブ、スパイスと何でもありの自由自在です。その結果、実に複雑多岐な香りと味わいを有し、ビールについての日本人の常識が音を立てて崩れていきます。

二〇一六年時点で、ベルギービールの種類は委託生産を含めると二五〇〇にも上りますが、ビール大国のドイツの銘柄数は五〇〇〇を超えますので、ベルギーの数自体は大したことはありません。ビールの博物館という意味は、ラベルの種類の多さではなく、ベルギーにしかない自然発酵方式をはじめさまざまな製造法で多種多様なタイプのビールが造られていることにあるのです。ここでいうタイプとは、例えば、日本で最もよく飲まれるピルスナー（ラガー）の他に、強烈に酸っぱいもの、果物の味と香りのするもの、薄く白濁したさっぱり味のもの、赤ワインのような色とコクを持つもの、ワイン並みにアルコール度の高いもの、スパイス香の強い重厚なものなどです。全部をビールという一つの単語で言い表すのは無理ではないかと思われるほどです。

多種多様なベルギービールの分類は、専門家でも困難なようですが、ベルギービールの名を世界に知らしめた英国の著名なビール研究家マイケル・ジャクソン氏（あの方とは別人）は、ランビック、白ビール、赤ビール、茶色ビール、季節ビール、トラピスト・ビール、僧院ビール、ベルギー・エール、強い黄金エール、地域特別ビール、ピルスナーの一一カテゴリーに分けています。飲まれる際の参考にごく簡単に説明しておきます。技術面には深く立ち入りませんが、最後のピルスナー以外がベルギーを特徴付けるビールであり、発酵終了後に酵母が表面に浮かび上がるために上面発酵ビール（エール）と呼ばれます。昔はビールといえば全てエールでしたが、一九世紀に入り、低温で発酵し、発酵後に酵母が下に沈む下面発酵製法が完成されました。この製法は、品質が一定して腐造の心配がないということで、当時もたらされた冷蔵技術の発展と相俟《あいま》って、世界中に広がり、ビールといえば通常はピルスナーを指すようになってしまいました。それにもかかわらず、ベルギーでは昔ながらの製法のビールが生き続けているのです。いくつかのタイプを紹介します。

②ランビック（自然発酵ビール）

まずは、ランビックという自然発酵ビールです。世界でもブリュッセル近郊でしか造られていません。起源は中世に遡り、ブリューゲルの農民の結婚式の絵で素焼きの壺《つぼ》から注がれているのがランビックだそうです。原料は、大麦（麦芽）と小麦が二対一の割合。砕いて熱湯に混ぜて麦汁を作り、大量の古いホップを入れて長時間煮沸し、濾過《ろか》した液を浅い長方形の子供プールのような容器に移します。普通のビールは、ここに純粋培養した酵母を加えるのですが、ランビックの場合は一晩置いて大気中から発酵に必要な微生物が自然に降りてくるのを待ちます。この微生物は、ブリュッセルを流れるセンヌ川流域にしか存在せず、これまでに五グループ八六種類が発見されています。ランビックの製造時期は秋から冬の間のみで、その後ワインのように樫《かし》の樽《たる》で長期間、発酵と熟成を進めます。冬期にのみ醸すこと、自然の微生物に頼ること、消費期限がないことなど日本酒との共通点が多いと思いました。

　私は九カ所のランビック醸造所を訪ねましたが、微生物の住む自然環境に影響を及ぼさないよう、建物や設備にはできるだけ手を加えないようにしているとのことでした。屋根瓦を葺《ふ》き替えたらビールの味が変わってしまったので、元の瓦に戻したところ、以前の味が蘇《よみがえ》ったとの話も聞きました。貯蔵所にはカビは生えているし、蜘蛛《くも》の巣も張り放題。雑菌を敵視する下面発酵の醸造所では想像もできない光景です。しかし、残念なことに、EUによる衛生規則の厳格な適用などにより廃業する蔵も出てきたと聞きます。

　近年、ランビックは、そのまま飲まれるより、グーズ又は果実ビールとして販売されることが多くなっています。グーズは、熟成したランビックにまだ発酵中の若いランビックを混ぜて、瓶内でさらに六〜一八カ月の間発酵を進めたものです。特徴は、お酢に匹敵するほどの強い酸味です。最初から美味しいと思う日本人はまずいないでしょう。しかし、何段階もの発酵過程を経た複雑、微妙な味わいで、慣れるにつれ虜《とりこ》になります。酸味があるため、食事ともよく合います。カンティヨン、ジラルダン、ドリー・フォンティネン、ブーンなどのランビックをよく飲んでいました。ベルギーを離れてから、一番飲みたいのがこのビールです。自然発酵ビールには賞味・消費期限はありませんが、二〇〇二年当時、「消費期限二〇二二年三月」の記載を見つけて驚きました。EUの規則で消費期限を入れざるをえず、二〇年後にしたのではないかと推測しています。

ランビックに大量のさくらんぼを丸ごと入れ、その糖分でさらに発酵を進めたのが、クリークと呼ばれるさくらんぼビールで、食前酒に最適です。木苺《きいちご》を入れるとフランボワーズビール。他に桃やカシスなどのビールもありますが、これらには果汁が使われています。

③トラピスト・ビールと僧院ビール

トラピスト派修道院の造るトラピスト・ビールもベルギーを代表するビールです。ベルギーやオランダでは中世から修道院でビールが造られていました。禁欲的な修道僧とビールの取り合わせを奇異に感じられるかもしれませんが、ビールは栄養価も高く、また、衛生状態が悪い当時、水に代わる貴重な飲み物だったのです。ビールは、自分たちで消費する他、巡礼時に一晩の宿を求めてきた庶民にも出されていました。修道院といえば、フランスやイタリアではワインやリキュールを造っていましたし、日本でも昔から神社が御神《おみ》酒《き》を醸していました。鎌倉時代になると寺院の造る僧坊酒も増えていました。

修道院が独特のタイプのビールを造ったのはベルギーとオランダだけ。その歴史は古くは一一世紀まで遡ることができますが、宗教改革の後、ビール造りはカトリックの国でしか行われなくなり、それもナポレオンにより禁止されてしまいました。現在の修道院ビールは全て一八三六年以降に再開されたものです。トラピスト・ビールを名乗ることのできるのは、一九六二年の法律によりベルギーで五つ、オランダで一つのシトー派修道院だけでしたが、その人気ゆえに類似品が出てきたので、一九九七年に国際トラピスト会修道士協会が設立され、基準が設けられました。二〇一二年以降、オーストリア、米国（二〇二二年五月閉鎖）、オランダ、イタリア、英国で認定されたビールの製造が始まり、トラピスト・ビールは二〇二二年一一月現在一三種類に増えています。民間の醸造所がトラピスト派以外の修道院から権利を買い取って造るビールは、タイプは似ていますが、僧院（アビイ）ビールと呼ばれています。

トラピスト・ビールにもさまざまな味がありますが、やや甘口でコクがあるのが代表的です。シメイは日本でも有名ですが、私のお勧めはオルヴァル。フランス革命時に破壊された旧修道院の廃墟《はいきょ》の隣に現在の修道院が建っています。壁に十字架がかけられた醸造所で、僧衣の修道僧が作業している光景が印象的でした。味は、他のトラピストに似ず、アルコール度はやや低め、辛口でホップが利き苦味を強く感じます。トラピストでは、ウェストマール（特にトリペル）もお勧めです。もちろん、僧院ビールの中にもグリムベルゲン、サン・フーイェンなど佳品が数多くあります。かつて僧院で造られていたビールを古い文献によって復活させたというカーメリート・トリペルも素晴らしい味です。

④その他のビール

これ以外のどのタイプのビールも素晴らしいのですが、簡単に触れるに留めます。

白ビール：原料に小麦を半分近く使うビールで霞《かすみ》のように白い薄濁りです。軽く爽やかで、夏にはレモン・スライスを入れて飲むのが流行。古い歴史を有するも二〇世紀半ばに途絶えてしまったこのビールを復活させたのがフーガルデン醸造所です。

赤ビール：赤色の麦芽を使い、樫の樽で長期間寝かすため、濃い赤色をしています。その色合いのみならず、酸味、渋みなどワインを思い起こさせる味わいがあり、フランダースのブルゴーニュとも呼ばれます。ローデンバッハ・グランクリュやドゥシェス・ド・ブルゴーニュ（ブルゴーニュ公爵夫人）といった銘柄が有名です。

季節ビール：ワロン地域で冬から春にかけて造られ、夏から収穫期に消費されるビールで、セゾン（季節の意味）と呼ばれます。夏用なので、保存性と爽やかな飲みやすさの双方を追求する必要があり、辛口にして酸味も強め、また、スパイスなども用いています。デュポン醸造所が有名。

ベルギー・エール：エールのうち、軽いものを指します。アントワープのデ・コニンクは飲みやすいのにコクがあり、地元の通は、専用のグラスの名前の「ボレケ」と言って注文します。なんと二〇一九年にはボレケが正式に銘柄名となったと知って驚きました。カタツムリを意味するカラコルという蔵のサクソも人気があります。

強い黄金エール：代表的なものがデュベル。見かけは普通のピルスナーですが、アルコール度八・五パーセントのキリッとした辛口エールです。名前は悪魔の意味。洋梨の香りときめ細かな泡が魅力。ブリュージュのブリガンは色がやや濃い目です。

その他、各地に特別のビールがあります。小人の図柄のラベルのラ・シュッフは青リンゴの香りが特徴です。ブッシュビールはアルコール度がワイン並みの一二パーセントとベルギーで一番強く、ワイン以上に速く酔いが回ります。蔵元を訪問して出会った本当の特別ビールが、ボスティールス醸造所のデウスとヘットアンカー醸造所のグーデンカロルス・カイザーです。前者は瓶も味もまさにシャンパン。後者はコクと旨味が絶妙。見つけたら何が何でも買い込みます。

⑤飲む楽しみ―グラス、ビア・カフェ、ビール料理、醸造所、温度

ベルギーではそれぞれのビールに専用のグラスがあります。瓶詰めが普及する前、ビールは樽から直接グラスに注《つ》いでおり、人々がどのビールを飲んでいるか分かりませんでした。そこで宣伝のためにビール別のグラスができたそうです。タンブラー形、チューリップ形、聖杯形、フルート形とさまざまです。自社のビールを最もよく味わってもらおうと工夫が凝らされています。目を見張るほど特殊な形のものもあります。パウエル・クワックのグラスは底が丸いフラスコ形です。馬車に引っかけて御者がその場で飲めるように作られました。自立できないためお店では専用の木の置き台が用意されています。砲弾形のグラスを置けるように窪《くぼ》みをつけた木の台が付くロイテ・ボックビアも大のお気に入りです。

人口一〇〇〇万人のベルギーには約三万軒のビア・カフェがあり、都会から田舎までど

こでも人々がビールを楽しんでいます。ブリュッセル市内には一〇〇〇種類超の品揃《しなぞろ》えを誇る店もあり、よく通いました。広い畑地の真ん中にぽつんと建つ古い一軒家の店に辿り着いたら、大繁盛で驚いたこともありました。ビア・カフェ探訪はベルギーでの大きな楽しみです。

ビール料理もベルギー名物です。牛肉のグーズ煮込み、兎《うさぎ》のクリーク煮込み、肉団子のビール煮込みなどはどこでも気軽に食べることができます。ビール料理専門のレストランもあり、ブリュッセル郊外のドリー・フォンティネンと、市内から車で二〇分のヘーレン・ファン・リーデケルケは料理にもビールにも定評があります。春の数週間だけ出回るホップの芽は、太ったもやしか痩せ細ったアスパラガスといった感じで、ベルギーならではの食材です。ミシュランの星付きレストランでホップ料理が出されたので、合うワインを尋ねたら、ビールと返ってきました。当然に気付くべきであったと反省しました。

ベルギー料理ではムール貝も有名です。一人一キロのムール貝が大きな鍋でサーブされます。その形状と大きさから鍋よりバケツ又は洗面器と言った方がいいでしょう。白ワイン煮、トマトとニンニク味が代表的ですが、六〇種類ものソースを出す店もあります。ビール煮も何種類かあり、そのビールを飲みながら食べるのが通です。ムール貝はオランダとの国境近くのゼーラント地方で採れるのが最上とされますが、四月から七月は禁漁となり、ムール貝専門店なのに、その間はメニューから外れます。観光客の多い地区のレストランでは、禁漁期間中はニュージーランド産のムール貝を提供していました。

ベルギービールをもっと知りたい方には醸造所訪問がお勧めです。全部で二五蔵を訪問しました。ベルギー赴任早々に来訪された宮城県の一ノ蔵の鈴木和郎社長ご夫妻とランビックを造るリンデマンス醸造所を訪ねたのも懐かしい思い出です。最近になって、一ノ蔵現社長の鈴木整さんから、その時に先代の見た、新旧のランビックを混ぜてさらに発酵を進めるというグーズの造り方が、低アルコール酒「すず音《ね》」の開発のヒントとなったと伺い、嬉しく思いました。一九九二年、英国のツアー会社の企画した二泊三日のベルギービール・ハンティング・バス旅行に現地合流して楽しみました。また、二〇〇三年には自ら大型バスを仕立て、職場の同僚・家族で二つの醸造所、ビア・レストラン、ビア・カフェ巡りを企画しました。運転しないので、しっかりビールを楽しめます。日本では死語と化した課内旅行を久し振りに外国でやったような気分でした。

ビールの適温は、大まかに言って一〇℃から一六、七℃の間ですが、ビールのタイプにより異なります。親切にラベルに適温を表示しているビールもあります。白ビールやブロンド系は低めに、色の濃いものは高めにという感じです。気温の高い日本では冷蔵庫に入れて少し冷やした方が飲みやすくなりますが、くれぐれも冷やしすぎないように。また、瓶内で酵母が生き、発酵が進んでいるエールは、冷蔵庫の中では発酵が止まってしまうのでご注意を。

なお、ベルギーとお隣のオランダで五月末から七月頃に水揚げされる若くて脂ののったニシンはフラマン語で「マッチェス」と呼ばれ、その塩漬けは初夏を告げる魚として人々に歓迎されています。頭部を切り離したニシンの尻尾を指でつまんで高く掲げ、上を向いて口に入れるのが通とされています。合わせる酒は、白ワインもいいですが、なんと言ってもジン、それもウード・ジュネヴァという伝統的な造りの癖の強いものがお勧めです。ジンの発祥地はお隣のオランダですが、ベルギーのハッセルトにはジン博物館があります。

⑥ベルギービールの普及

一九九三年に日本に戻り、日本で知られ始めていたベルギービールの普及に努めました。

ベルギーで飲んだビールのラベルを集めるとともに、ビールやグラスなどの印象をノートに記録していたのが役に立ちました。アルコール度が高く、香りとコクに富むベルギービールは、初めて飲む人も惹きつけました。もっとも、注意喚起する間もなく、出された途端に日本のビールの感覚で一気飲みして酔っ払った人を何人も見ることになりました。

帰国の翌年、九四年四月には、ビールの製造免許取得のための最低生産量の基準が二〇〇〇キロリットルから六〇キロリットルへと大幅に引き下げられるという地ビール解禁が実現し、小規模メーカーでもビール市場への参入が可能になりました。多くの地ビールが作られるようになり、現在ではクラフトビールという呼称で定着しています。嬉しいことに、毎年各地で大規模なベルギービールウィークエンドが開催されるまでになっています。

ベルギービールの普及については、九五年三月に、酒友の日本酒ライター藤田千恵子さんが月刊誌『東京人』に連載する「コレクター紳士録」でベルギービールのラベル収集家として紹介してくれたことも大きな後押しとなりました。

2　英国でビールとウィスキーを楽しむ（一九九九～二〇〇一年）

一九九三年にベルギーから帰国し、東京で各国の外交官に大いに日本酒を宣伝しましたが、それは日本酒外交の項で触れることとします。そして、九九年はじめに在英国日本大使館公使としてロンドンに赴任しました。政務班長として英国の内政・外交や欧州の安全保障を担当し、日英安全保障協力の推進には特に力を入れました。

パブでエールビールを楽しむ

英国で有名なのはビール、それも紀元前からの伝統があるエールです。到着後ただちにカムラ（CAMRA：本物のエール活動）の会員になりました。カムラは、大企業による寡占で英国のビールの画一化が進んでいた状況下、伝統的な本物のエールを守るために一九七一年に創設されました。現在では一七万人の会員を有し、特定分野の消費者団体としては英国最大のものです。伝統的なエールの復活に大きな役割を果たすとともに、リンゴから造るシードルなども対象に含め、さらに、パブの保護と興隆も目的に加えています。人々は自国の酒を誇りとしていますので、英国でカムラの会員であると告げると、多くの人が喜んでくれました。

どこでビールを飲むかと言えばパブ、パブリック・ハウスの略で英国版居酒屋です。ある程度大きなパブではランチやディナーの時間帯に簡単な一皿の料理を出します。フィッシュ・アンド・チップス、ローストビーフなどのパブランチは、サービスが速く、価格も手頃です。英国で美味しい物を食べたければ一日三食とも朝食を食べよ、とのジョークがありますが、パブランチもお勧めです。しかし、多くの英国人にとってパブはもっぱら飲む場所のようです。

英国式飲み方はこうです。仲間と集まりひたすらビールを飲む。つまみはポテトチップスかナッツ程度でなしのことも多い。カウンターで注文して支払う。注文単位はパイントかハーフパイント。一パイントは五六八ミリリットルで、日本の大瓶の九割程度の量。ビールを受け取ったらどこで飲んでもよい。座席もあるがすぐに満席となり、多くの人が立ったまま飲む。夕方以降は、店の外にまで客が溢《あふ》れる光景があちこちで見られる。グループの場合、グラスが空になると一人が全員分を注文して支払う。その次は別の者が同じことをする。五人だと五杯飲むと一回りして完全な割り勘になる。大人数だとたくさん飲むことになってしまう。私もずいぶんと英国流に慣れました。

英国ではお酒を購入できるのは一八歳からですが、パブなどで親と一緒の食事の場合にはビールやシードルに限り一六歳から飲むことができます。そもそも自宅などでは五歳以上の飲酒は違法ではないので、フランスより凄《すご》いと思いました。そういえば、娘の通う高校のカフェテリアの奥には最上級生用のバーがあり、ビールを二パイント（一リットル強）まで飲めると聞き、その量にあきれてしまいました。

南部のケント州で収穫時期に初めてホップ畑を訪ねました。ホップは蔓《つる》性の植物で、成長すると高さは優に五メートルを超えます。ベルギーで食べたホップの芽がこんなに大きくなることを知って驚きました。収穫は特別の高所用の刈り取り機を用いてホップの花のついた茎ごと切っていくので大変です。少し分けてもらってロンドンの住居に飾り、天井近くから垂れ下がる緑の葉と薄緑の鞠《まり》状の花をしばらくの間楽しみました。

アイルランドのギネスビールを飲みにロンドンのアイリッシュパブにもよく行きました。

ギネスは絶対に冷やすなと言われ、人様にもそう講釈していたので、エクストラ・コールドという銘柄が出たのを知った時は仰天しました。アイルランドの首都ダブリンの本社の最上階で飲むギネスが格別に美味《うま》いとの評判があります。ようやくダブリン訪問が実現し、憧れのギネスを味わいましたが、確かに美味しいと思いました。他所《よそ》で飲むのと全く同じ製品ですが、出来たてであることに加え、ギネス本社で飲むという感激のなせる業なのでしょう。

ギネス社は一八七〇年代から竪琴《たてごと》（ハープ）の紋章を使用しています。竪琴は一三世紀頃からアイルランドの国章でしたが、アイルランドは一六世紀に英国に統一されてしまいました。そして一九二二年に英国から独立した時に正式にアイルランドの国章となりましたが、ギネスの紋章と重ならないように、竪琴の向きがギネスとは逆のものだけが登録されたそうです。ちなみに、アイルランドのハーピングは、二〇一九年にユネスコ無形文化遺産に登録されています。

国際ビール・シードル鑑評会の審査員を務めたことも印象に残っています。ロンドン・プライドの銘柄で知られるフラーズ醸造所で鑑評会が行われ、審査員として平日の午前中の二時間で四〇種類のビールとシードルを審査しました。ワインや日本酒の場合は口に含んで味わった後はスピトーンという容器に吐き出すのですが、ビールの味わいにおいては喉ごしも重要であり、少量でも飲み込んでしまうため、四〇種類を試飲すると結構アルコールが回ってしまいました。鑑評会の後、予定されていた英国在郷軍人会のランチに出席してスピーチを行いましたが、殊の外上手く話せたと思ったのは自分だけで、少々の酔いのせいだったかもしれません。

ウィスキーへの回帰と新たな発見

学生時代からウィスキーはよく飲んでいましたが、日本酒との出会い以降、蒸留酒を飲む機会はめっきり減っていました。しかし、ウィスキーの本場英国に赴任となり、改めてウィスキーの世界に飛び込み、いくつかの新たな発見をしました。それまではもっぱらブレンデッド・ウィスキーでしたが、シングルモルト・ウィスキーに挑み、六〇種類以上を味わいました。ブレンデッドはバランスが良く、心地良く飲むことができます。それに対し、シングルモルトは個性が際立っています。アイラ島で造られるアイラ・モルトは、ピートによるヨード臭というか、正露丸のような臭いの強い癖のある味で、人により好き嫌いがはっきりしています。私は結構はまりました。

ウィスキーの飲み方に正解はありませんが、英国人から教わったスタンダードな飲み方はお勧めです。まずストレートで味わい、次に水を数滴落として香りの変化を楽しみ、さらにウィスキーと等量の冷やしていない水で割るというものです。薄い水割りと異なり、香りと味をしっかりと楽しむことができます。

また、さらに二つの発見がありました。

第一はウッド・フィニッシュです。これは、通常の樽熟成を経た原酒を別の酒の熟成に用いた樽に移し替えて、独特の風味を付けることです。シェリー、ポルト、マデイラなどの樽を使ったものを味わいましたが、別の酒の風味が味わいを深めています。グレンモーレンジのシェリー・ウッド・フィニッシュが好みです。

第二がカスク・ストレングスです。樽出し原酒とでも訳すのでしょうか。ウィスキーは、通常、アルコール度の高い原酒に加水して約四〇度にして出荷しますが、加水せずに樽からそのまま瓶詰めしたものがあります。種々試しましたが、六〇度のクラガンモアはなかなかでした。ストレートだと中国のマオタイ酒より強いのです。等量の水で割ってもアルコール度は三〇度もあり、何だか得をした気分になります。

ロンドンのミルロイズという有名な老舗《しにせ》ウィスキー・バーは、三〇〇種類の品揃えを誇っており、五〇年物には感激しました。手元の二〇〇一年の店の商品リストには日本のウィスキーは掲載されておらず、後の日本ウィスキーブームは全く予測できませんでした。

英国はワインの本場

欧州でワインといえば、フランス、イタリア、スペイン、ドイツが有名なので、英国もワインの本場と言うと驚かれるかもしれません。英国は、寒冷な気候もあり、あまり良質のワインは産しませんが、実はワインの流通において重要な地位を占めています。フランスのボルドーは一二世紀から三〇〇年にわたり英国領であり、ボルドーワインは英国の輸出品として世界に広まったのです。今日でも世界中のワインがロンドンに集まってきており、良いワインを入手できると評判です。一六九八年創業のベリー・ブラザーズ&ラッド社は、英王室御用達《ごようたし》の老舗ワイン・スピリッツ商であり、近くのセントジェームズ宮殿の地下にまで及ぶ長大なセラーを有しています。よく店に通い、セラーも見せてもらいました。

3　禁酒のイスラム圏のイラクに勤務（二〇〇七～〇八年）

二〇〇七年に最初の大使ポストで赴任したのがイスラム圏のイラクです。その後、東京勤務を挟んでカタールに赴任となり、イスラム圏の二カ国で続けて大使を務めました。

イスラム教と禁酒

イスラムの禁酒の戒律は日本でもよく知られています。イスラム教の聖典であるクルアーン（コーランとも言う）では、酒のことは「ハムル」と呼ばれ、酩酊《めいてい》させて理性を失わせることから悪魔の仕業とされています。もっとも、どんな飲み物がハムルに当たるかについては曖昧な面があり、解釈が分かれています。

また、クルアーンでは、酒は単なる悪者ではありません。クルアーンには、天国には美酒の河や泉があると書かれているのです。さらに、ナツメヤシやブドウで酒を造ったりすることは、ものの分かる人間にとってはありがたい神兆ではないか、とさえ書かれています。確かに、イスラム教において酒は現世では悪魔の仕業とされていますが、酒自体については否定せずに神兆として讃《たた》えています。酒の素晴らしさへの評価を嬉しく思いました。

イスラム圏でも飲酒の扱いは国によって異なります。私が訪ねた中東の国で規制が厳しいのは、サウジアラビア、クウェート、カタールの順です。エジプト、レバノン、チュニジア、モロッコ、トルコなど規制の緩い国もあり、これらの国では、ワインや、中東地域に多いナツメヤシやブドウの果実から蒸留酒（国により、アラック、ラク、ウゾーなど）が造られています。ここでは私が勤務した国での経験をお話しします。

日本酒の有名人が禁酒の国に

二〇〇七年三月に駐イラク大使に発令されました。イラク情勢は不安定であり、当時、外務省ではイラク勤務は志願制とされていました。前年秋に打診があった時は驚きましたが、その時点で二〇年以上にわたり安全保障を担当してきており、また防衛庁防衛参事官の職にもあったので、もしここで断るとしたら何のために外交官になったのだろうかと思い、家族に相談した上で引き受けました。万一のことがあってもその時は仕方ないと思えば覚悟ができ、気は楽になりました。

大使発令の日に小さな事件がありました。通常、大使発令は顔写真入りで新聞に報じられますが、同時に発令された四名の大使の中で私だけ写真の掲載がなかったのです。そしてそのことがなんと「外務省、新任イラク大使の顔写真公開せず―巷《ちまた》では〝有名人〟なのに、なぜ?」という『日刊ゲンダイ』の記事になりました。同記事は、外務省が安全上の理由から門司氏の顔写真を公表していない旨述べた後に、「だが、この門司氏、実は外交官としての顔の他に無類の『日本酒愛好家』としてもつとに有名な人物なのだ。(中略)ためしにインターネットで門司氏の名前を検索すればすぐに顔が出てくる。こんな有名人の顔写真を伏せても意味がないのではないか」とあります。お酒に厳しいイラクに行くのに日本酒関連の報道がなされたのがちょっと面白いと思った次第です。

そして三月二〇日、イラク戦争開戦四周年当日にバグダッドに到着しました。イラク行きの内示を受けた時は、これで肝臓を休ませられる、とお酒を諦める心構えができていたのですが、なんと現地ではお酒を飲むことができたのです。それがいかにありがたいことであったか分かるように、まずはバグダッドの厳しい治安状況とその下での生活を簡単にご紹介しておきましょう。

治安状況の極度の悪化

イラクでの主要な任務は、有償援助と無償援助から成る日本の対イラク人道復興支援の実施です。大規模戦闘終結から四年経ったにもかかわらず、治安は改善するどころか悪化の一途を辿っていました。米国防省報告によれば、治安事案の件数から見て、二〇〇七年六月がイラク戦争終結後最も危険な月でした。

バグダッドでは、イラク政府や米英など多国籍軍の国の大使館は、チグリス川とコンクリートの壁で囲まれ、厳重に警護された千代田区よりやや狭い国際地区、通称グリーンゾーンに所在します。それ以外の一般地区がレッドゾーンで、交通信号機の色の喩《たと》えが危険度を表しています。当時、日本大使館は赤信号の一般地区にありました。日本大使館自身が襲われることはありませんでしたが、イラク政府閣僚や米英他の大使に会うためには国際地区に出向かねばならず、その移動が一大事でした。移動中は、路肩爆弾、自爆テロ、狙撃などのあらゆる攻撃の脅威にさらされます。また、車両の夜間移動制限のため、遅い時間の会合は欠席せざるをえません。そこで、国際地区に大使館分館として小さな事務所を構え、大使と少数の館員が原則としてそこに常駐し、大使館本館には定期的に通うこととしていました。

グリーンの国際地区であっても安全ではありません。国際地区はチェックポイントを設けて不審者の侵入を防いでいるので、自動車爆弾や自爆テロの脅威は大きくありません。そこで、武装勢力やテロリストは、迫撃砲やロケット砲により空から攻めてくるのです。米軍が攻撃探知用のレーダー気球を空港の上空に上げており、迫撃砲などの発射を探知すると瞬時に国際地区内各所のスピーカーから空襲警報が鳴り響きます。「インカミング！インカミング！」と聞こえてきた時の緊張感は今でも覚えています。外出時は至近のコンクリート製の防空シェルターに飛び込みます。車で移動中の時は、停車してそのまま中に留まります。防弾車といえども迫撃砲の直撃には耐えようがないので、警戒解除のサイレンを待つ時間が長く感じられました。建物の中ではより安全な奥まった場所に避難します。

警報がない場合もあり、着任後最初の攻撃では、突然大音響とともに窓ガラスが割れんばかりに振動し、一瞬何が起こったのか分かりませんでした。常時警戒中の米軍ヘリが発射地点に急行するので、武装勢力は攻撃後すぐに姿をくらまします。命中率を上げるための着弾の目視による修正を加えた連続攻撃は避けられていましたが、武装勢力側にとっては、政府と多国籍軍のいる国際地区内のどこに当たっても得点となるのです。

警戒ヘリの飛行経路の真下に大使館分館があり、毎日午前三時頃によく目覚めさせられました。着任直後の二〇〇七年春から夏にかけては、連日のように、しかも一日に何回も空からの攻撃が行われ、至近距離への着弾も多く経験しました。国連の報告によれば、二〇〇七年二月から三カ月間で国際地区内での死者は二六人を数えました。

一般地区では、自動車爆弾、路肩爆弾、自爆、狙撃などの事件が頻発し、大使館本館にいると昼夜を問わず、頻繁に爆発音、銃声が聞こえてきました。

幸いなことに、治安は二〇〇七年夏以降、顕著な改善に向かいました。詳細は省きますが、米軍の増派、イラク治安部隊の増強、シーア派民兵による一方的停戦などによるものです。もちろん、テロ行為を完全に防ぐことはできませんが、着任時に比し二〇〇八年七月のイラク離任時には治安は八、九割の改善を示しました。この数字を聞いて日本の方は皆が「よかったですね」と喜んでくれましたが、その実際の意味は、当初毎日一〇〇人を超えていたイラク民間人死者数が一日一五人程度にまで減ったということにすぎないのです。

強い緊張下での生活環境

大使館員は、本館及び分館の敷地内の宿舎に住み、外出は必要最小限に限っていました。私の外出時には、武装警備員一二人と三台の防弾車に分乗して車列を組んでいました。ほとんどの時間は塀の中での蟄居《ちっきょ》生活で、毎回の食事も事務所で同僚と一緒にテーブルを囲みます。娯楽や運動の機会も限られた閉ざされた環境の中での集団生活であるため、館員は極めて大きなストレスの下にありました。

電力、水といった生活に不可欠なサービスの提供は不十分で、当初、バグダッドの一日の通電時間は五時間強と言われていました。その後次第に改善したものの、現地職員の生活実感では通電時間は一日二、三時間とのことでした。大使館では自家発電機の設置やタンクローリーによる給水などで対処していました。

物資の調達も一苦労です。国際地区には米軍の売店であるPX（ポスト・エクスチェンジの略）がありますが、生鮮食料品は扱っておらず、一般地区から運び込まなければなりません。一般地区には多くの市場や商店があり、車での移動の際にも、色とりどりの野菜が積み重ねられた露店や電力不足を補うための小型発電機を並べた店に多くの人々が集まる様子や、子供たちが路上で遊んでいるのが観察できました。人々が普通に生活を営んでいるからこそ、人が集まる市場や集会がテロの対象となるのです。目立つ外国人が一般地区内を出歩くことは危険であり、大使館員は買物に行くこともできません。そこで、野菜、肉、卵、水、牛乳といった食品や生活必需品は、現地職員による調達に頼っていました。一般地区から大使館の車で食料を運ぶ際に、チェックポイントで軍用犬が強い反応を示し、足止めされて車内を捜索されたことがありましたが、原因は肉の臭いでした。

このような厳しい勤務状況にあるため、館員は、他の国の大使館員と同様、一定期間バグダッドで過ごし、交替要員と入れ替わりに用務帰国するというローテーション勤務体制をとっていました。しかし、この移動が非常に大変であり、バグダッド滞在よりも負担に感じる館員もいました。バグダッドの出入りには、原則として米軍ヘリと自衛隊機を用いますが、悪天候や治安情報により自衛隊機はしばしば運航中止となり、宿舎もない空港内に三日間留め置かれた館員もいました。私自身は、砂嵐のため空港で四〇時間待機したのが最長でした。

食事は、大使館本館ではイラク人の調理担当スタッフが館員から習った和風の料理も出してくれていましたが、少人数の国際地区の分館では、着任後しばらくは日本から持参した食材での自炊生活でした。その後、調理担当館員の着任と一般地区からの食料運搬用の車の便の整備により、細かい注文はつけられないものの、毎日の食事は飛躍的な進歩を遂げました。これでバグダッド滞在の負担がかなり減ったのですから、やはり食は重要です。七日間二四時間閉じこもっての連続勤務は、曜日の感覚を失わせてしまうので、海上自衛隊にならい、毎週金曜日の夕食はカレーライスと決めていました。実際、カレーが出されて初めて金曜日だと気付くこともありました。皆でバーベキューセットを購入し、館員の離任の際に庭で歓送バーベキューを行うことも恒例となりました。また、米軍の売店にはバーガーキングやピザ・インが出店しており、時には高価なファストフードをテイクアウトしました。一時、ケンタッキー・フライド・チキンが出店するとの噂《うわさ》が流れ、予定地まで特定されたものです。実現したらシンボルのカーネル・サンダース（サンダース大佐）をサンダース将軍に昇格させようと皆が開店を心待ちにしていましたが、なぜか立ち消えになり、がっかりしました。

イラクの酒事情

さて、本論のイラクの酒事情です。イラクで飲酒が可能であったことはすでに触れました。イラクは元来世俗的な国で、サダム・フセイン時代から街中にもリカーショップがあり、お酒が飲めていたそうです。もちろん、宗教上の戒律があり、イラク政府は原則として行事に酒は出しませんし、多くのイラク人は酒を飲みません。イスラム過激派による酒屋への襲撃もありました。ただ、そもそも飲酒は違法とはされていなかったのです。

米軍の売店では、ビールの他、ウィスキー、ブランデー、ウォッカ、ジン、イラクの地酒アラックなど蒸留酒も充実の品揃えで、しかも日本国内より安いのです。残念ながら、ワインは割高で種類も乏しく、日本酒は皆無でした。それでも、お酒が飲めることに感謝しました。余談ですが、軍の売店に当たるPXは日本語では酒保です。かつて安全保障を担当していた頃、軍事関係に詳しい人には、私は「セキュリティ＝安保」と「サケリュティ＝酒保」を兼任していますと自己紹介していました。

治安は改善の方向に転じたとはいえ、ストレスの高い勤務が続く中で、一日の終わりの一杯の酒が疲れを癒やしてくれました。毎日夕方になると私がにわかバーテンダーに変身し、日本から持参したシェイカーを振って館員のためにカクテルを用意しました。取り揃えたウォッカ、ジン、ラム、テキーラなどの蒸留酒の中から日替わりで一種を選び、さまざまなカクテルに挑戦しました。中でもカクテルの王様であるドライ・マティーニにはその奥深さを思い知らされました。

バグダッドでの社交行事

そんなバグダッドでも、イラク政府や外交団、多国籍軍の間で社交行事が行われていました。危険で自由に動けない国では、会食は情報交換の重要な場でもあります。多くのレストランが閉店となっていた中で、首相、副首相他イラク政府の要人が時々開催してくれるレセプションや会食は、バグダッド名物のマスグーフ（鯉《こい》の開きの串焼き）をはじめとするイラク料理を味わう貴重な機会でした。建国記念日や建軍記念日のレセプションを催す大使館もあり、高いコンクリート塀に囲まれた中庭で、いつ空襲警報が鳴るか分からないという緊張感に包まれつつ参加者と談笑したものです。イタリア大使館で参加したレセプションの三日後に同大使館が迫撃砲の直撃を受け、現地職員に死者が出たこともありました。

お酒の観点からは、多国籍軍の英国人副司令官主催のレセプションが印象に残っています。到着するとシャンパングラスが渡されます。中身はオレンジジュースのようで、やはりソフトドリンクかとがっかりしたのですが、口に運ぶとアルコールを感じます。酒を飲むゲストには、シャンパンをオレンジジュースで割ったミモザというカクテルを渡していたのです。イラク側関係者のグラスの中身は当然オレンジジュース。ゲストの中で誰がアルコールを飲んでいるのか見ただけでは判断できないという計らいに感心しました。

調理担当館員の着任後は、大使館分館でもイラク政府・議会の要人や外交団・多国籍軍の高官を招待し、食事会を開くことができるようになりました。日本国民にはイラクからの退避勧告が出ていたので、日本から料理人は連れて行けません。料理の経験のある元自衛官を任期付きで外務公務員に採用し、調理を担当してもらいました。中西貴久理事官と油石裕希理事官です。彼らが乏しい食材から技と工夫で用意してくれた野菜の天ぷら、だし巻き玉子、胡瓜《きゅうり》やシーチキンの巻物などの和食でゲストをもてなしました。

日本大使主催の大型レセプションは、一九九〇年の湾岸戦争の後は途絶えていました。何とか開催できないかと種々調整の結果、任期の最後に九〇人規模の離任レセプションを開催することができ、多くのイラクの国会議員や政府の役人、各国大使が来てくれました。そこではワイン、ビールなどの酒類も出しました。また、私の離任前に、ジバーリ外相が外務省で主催してくれた歓送ランチではなんと赤ワインが供されました。ランチ終了後に撮影した外相や米国大使と一緒の写真には赤ワイン入りのグラスも写っています。

イラクで知ったソフトパワーの重要性

ハードパワー、ソフトパワーという言葉を耳にされた方も多いと思います。ハードパワーとは、強制や報酬などによって相手に影響を及ぼし、望む結果を得る能力です。軍事力や経済力がこれに当たります。これに対し、ソフトパワーとは、魅力により望む結果を得る能力です。相手をひきつけて、相手が自らこちらの望む行動をしてくれるようにする力のことです。ソフトパワーの源泉は、文化、価値観、外交政策などです。

イラクは軍事力、すなわちハードパワーが何よりも重視される世界と思われがちですが、実はイラクにおいて日本のイメージが良いという、いわゆるソフトパワーが外交を進める上で役に立つことを実感しました。

イラクの人々は日本に大変な信頼と尊敬と期待を寄せてくれました。これまでの対イラク支援実績が評価されていたこともありますが、何よりも彼らは、第二次世界大戦後に見事な復興を遂げた日本に戦後イラクの自分たちの姿を重ね合わせ、日本のように国家の再建を図りたいと思っていたのです。イラク政府との関係も良好で、通常は長く待たされる閣僚との会見などもすぐに行うことができました。日本のソフトパワーのおかげで大使としての外交の仕事は格段にやりやすくなりました。

後述しますが、イラクから帰国して就いたのが外務省広報文化交流部長という文化外交の責任者のポストでした。ハードパワー中心の世界からソフトパワーの世界に移ったので

ハードパワー（上）からソフトパワー（下。世界コスプレサミット代表の外務省訪問）へ

す。イラクの経験から学んだソフトパワーの力を文化外交において最大限発揮するように努めました。

ついでにもう一つソフトパワーの話をすると、私の名前モンジは、アラビア語で何と「救世主」を指すのです。最初に知ったのは一九七七年にチュニジアを訪問した時です。空港の通関で係官が同僚数名を呼び集め、私のパスポートを指さして何か叫んでいます。不安になり、何か問題かと恐る恐る聞いたら、「いや、いや、あなたの名前は素晴らしい。救世主を意味するんですよ。グッドラック!」と言われました。このことは特に外務省には秘密にしておきました。ただちにアラブの国に派遣されるかもしれないと思ったからです。イラクでは、表敬訪問したサーレハ副首相が、「あなたは大変素晴らしいお名前をお持ちですが、ご存じですか」と話しかけてきたので、胸を張って「もちろん」と答えました。それ以降は自分から積極的に宣伝するようになり、イラクの人々には大いに受けました。

厳しい環境でしたが、緊張の中にもやりがいのあるイラク勤務を自分なりに楽しみました。イラクの一日も早い安定と復興を祈念します。

4 カタールで二回目のイスラム圏勤務(二〇一〇~一三年)

日本はカタール発展の恩人

二〇〇八年夏にイラクから戻り、広報文化交流部長として二年間ほど文化外交を担当し、二〇一〇年秋に中東のカタールに大使として赴任することになりました。二回目のイスラム圏勤務です。カタールは、秋田県ほどの広さの国ですが、世界でも有数の天然ガス田を有し、一人あたりGDPは一〇万ドル超と世界のトップを争っていました。

カタールが世界一の金持ち国になれたのは、日本のおかげです。カタールの豊かな天然ガスも輸出の手段がなければ宝の持ち腐れです。パイプラインは必ずしも良好な関係にはない隣国サウジアラビアの領海を通過しなければならないという問題がありました。そこでカタールは、液化天然ガス（LNG）にして専用タンカーで輸出することを目指しましたが、欧米の主要国・企業は採算性への懸念などから誰もプロジェクトに参画しようとはしませんでした。そこに支援の手を差し伸べたのが日本です。一九九二年に中部電力がカタールと二五年間の長期購入契約を結び、日本側が官民を挙げてカタールとLNGプロジェクトを進めました。プロジェクトは成功し、九六年一二月に行われた最初の船積みは、全量が日本向けでした。

その後、欧米の企業も参入し、二〇一〇年一二月、私の着任の二カ月後には七七〇〇万トンの生産目的を達成し、世界のＬＮＧの輸出の三分の一を占める大供給国になったのです。カタールは、自国の発展の恩人である日本に大いに感謝しています。これにより私の外交活動もやりやすくなりました。ここでも、日本の良好なイメージというソフトパワーのありがたさを感じた次第です。

同じく私の着任直後に、カタールは日本や米国を破り、ＦＩＦＡワールドカップ２０２２の開催権を勝ち取りました。日本では「ドーハの悲劇」は有名ですが、ドーハがカタールの首都であることはほとんど知られていません。ワールドカップ招致により、日本のみならず世界がカタールを知ることになります。直前まで文化外交担当としてワールドカップ日本招致に努めていた立場からは残念でしたが、世界で、そして日本でカタールの知名度が上がることは、駐カタール大使の立場からは大歓迎でした。

お酒に厳しいカタール

さて、お酒の観点からは、カタールは私にとって厳しい環境でした。何しろ、イスラム教の中でも戒律の厳しいワッハーブ派が主流であり、禁酒については湾岸諸国の中でも非

私は二〇一五年三月にユネスコからカナダ勤務に異動しましたが、その四カ月後にブルゴーニュ、シャンパーニュとも世界遺産への登録が実現しました。ワイン生産地が次々と世界遺産になっていることにより、日本酒の無形文化遺産登録に向けての思いもさらに強くなりました。なお、一五年一〇月にブルゴーニュワイン騎士団により騎士の称号を授与され、カナダからブルゴーニュのクロ・ド・ヴージョ城での授与式に出席し、オーベール・ド・ヴィレーヌさんと、ブルゴーニュの登録と私の授与を祝うことができました。

日本人醸造家のワインや日本ウィスキー

この頃、日本人醸造家の醸すブルゴーニュワインが話題となりました。二〇〇〇年にブルゴーニュにルー・デュモンを設立した仲田晃司さんです。フランスでも人気のワイン漫画『神の雫《しずく》』でも取り上げられました。ユネスコ代表部の同僚と早速訪問し、仲田さんご本人からお話をお伺いして自慢のボトルをたくさん買い込みました。ラベルに記載されている「天地人」の漢字は、日本人であること、そして自然と人間に対する真摯な尊敬の念を象徴するものとして選ばれたそうです。会食で日本人にも外国人にも喜んでいただけたワインです。

ロンドンの権威あるウィスキーガイド『ウィスキー・バイブル２０１５』で日本のサントリー山崎シェリー樽二〇一三年がこれまでの最高点タイの九七・五点を獲得し、世界一のウィスキーと報じられたのもパリ在勤中のことでした。日本ウィスキーの評価は非常に高まっており、大使公邸でも食後酒としてお出ししていました。

なお、次のカナダの項の先取りとなりますが、サントリー山崎に続く二〇一六年のウィスキー世界一に輝いたのが、カナダのクラウン・ローヤル・ノーザンハーベスト・ライです。意外と簡単に購入でき、世界一の味を楽しむことができました。カナダ人でも知らない人がほとんどで、公邸で勧めると大変驚き、喜んでくれました。

6　酒類の規制の厳しいカナダに勤務（二〇一五〜一七年）

禁酒のイスラム圏からパリに移ったのも束《つか》の間《ま》、一年三カ月後の二〇一五年二月に駐カナダ大使に発令されました。カナダでは、経済パートナーシップ、安全保障協力、文化交流の三本柱から成る日本カナダ協力を推進しました。二〇一六年にはトルドー首相と安倍総理との間で、日本カナダ協力新時代の構築が合意されました。

カナダの首都オタワは緑に囲まれた美しい街で、街全体が公園の中にあるようです。パリ離任前に会ったカナダの外交官がオタワを「人口一〇〇万人の村」と表現しました。オタワに住んでみると、のんびりした村のような雰囲気にもかかわらず、首都なので種々の施設が整っており、言い得て妙だと思いました。

カナダで驚いたことの一つが、酒類に対する厳しい規制です。酒類の輸入・販売は各州の酒類管理当局の所掌であり、例えばオンタリオ州では、スーパーなどで例外的に販売が認められる地元の低価格のワインを除けば、日本酒を含む全ての酒類は規制当局の直売店でしか買うことができませんでした。また、個人消費用の例外を除き、州の間での酒類の自由な移動は認められていません。カナダ憲法は州の間の物品やサービスの移動の自由を定めていますが、州の権限が強いことと長年の憲法慣行により、州の間の貿易に種々の規制が課されており、特に酒類については非常に厳しい規制があるのです。一九九五年発効の国内貿易協定に代わるカナダ自由貿易協定が二〇一七年に発効しましたが、新協定においても酒類は例外扱いです。この背景には二〇世紀早期の禁酒法の制定に見られたような酒類に対する伝統的に厳しい姿勢もあります。

近年カナダのワインは品質を向上させ、オンタリオ州ナイアガラ・オン・ザ・レイクのアイスワインやブリティシュ・コロンビア（ＢＣ）州オカナガンの赤ワインは世界で高く評価されています。しかし、オンタリオ州ではＢＣ州のワインは原則として買うことができず、逆も同様でした。プリンス・エドワード・アイランド州のようなワインを生産する小さな州で酒類管理当局の直売店に行くと、カナダワインは小さなスペースの棚に並ぶ自州産ワインのみであり、その一〇倍以上のスペースを欧米からの輸入ワインが占めています。外国のワインは容易に入手できるのに、自州以外のカナダ産ワインの入手が困難というのは、何とも不自然な状況だと思いました。もっとも、私の離任前後から、若干の競争原理が導入され始めました。

7　その他の酒あれこれ

食前酒と食後酒

食前酒は最初にゲストに出す酒として重要です。自宅での会食ではゲストの注文を聞いて準備していましたが、そのうちにドリンク・メニューを用意するようになりました。ジン・トニック、ジン・ライム、ブラディ・メアリー、カンパリ・ソーダ、カンパリ・オレンジ、キール（白ワインとカシスリキュール）、シェリー（辛口）、ビールなどです。これらは結構人気があり、私自身も招待された時によく注文していました。しばらくの日本勤務の後、二〇一〇年に海外に出てみると圧倒的にシャンパンの比率が高くなっていたことに驚きました。特にフランスではどこに行ってもシャンパンでした。私の会食では、シャンパン又は日本酒の泡酒や軽い純米大吟醸酒を出していました。

食後酒についても触れておきます。一九九〇年代から二〇〇〇年代にかけては、さまざまな種類の食後酒を揃えていました。コニャック、アルマニャックに加え、シェリー（甘口）、ポルト、ベネディクティン、コワントロー、グランマニエ、ドランブイ、ペルノー、ポワール・ウィリアム、アイリッシュ・クリームなどです。また、ウィスキーも一七種類用意していました。酒専用のワゴンにぎっしり並べると壮観です。しかし二〇一〇年以降は、日本のウィスキーの出番が多くなりました。その名声が上がってからは、ゲストから求めてくることも増え、誇らしく思いましたが、調達が次第に困難になったのは残念でした。

中国の酒

出張や旅行の機会にもさまざまな酒を飲みました。一九八二年の中国への個人旅行ではいわゆる「八大銘酒」に挑戦しました。中国を代表する酒の評定会が一九五二年から数次にわたって行われており、当時は八種類の白酒《パイチュウ》が選ばれていました。その後、数が増え一九八九年には一七種になりましたが、引き続き「八大銘酒」と呼ばれています。白酒は五〇度以上の強い蒸留酒で、貴州省のマオタイ酒と四川省の五糧液《ごりょうえき》が両雄です。今日では非常に貴重な酒として価格が撥《は》ね上がり、空港の免税店でも一本（五〇〇ミリリットル）四万円以上します。在庫がないことも多く、かなりの量の偽物が流通しているそうです。高級な年代物には一本三〇〜四〇万円もの値が付けられています。一般には、価格もはるかに安く、アルコール度が三九度と飲みやすい孔府家酒《こうふかしゅ》などが普及しているようです。在日中国大使館での会食ではしばしばマオタイ酒が出されました。日本人にはアルコール度のより低い白酒の方が飲みやすいかもしれない、貴重なマオタイ酒は私のために取っておいてくださいとお願いしました。

退官後の二〇一八年秋、公益財団法人の文化財保護・芸術研究助成財団、中国人民対外友好協会、韓日文化交流会議の三者共催になる日中韓文化交流フォーラムが中国貴州省貴陽で開催され、財団の評議員として参加しました。貴州省はマオタイ酒の本場です。会議後の宴会では、カンペーと言って一気に飲み干す中国式の乾杯を恐れると同時に期待もしていたのですが、なんとアルコール類は、マオタイ酒はおろかビールさえも一切出されませんでした。調べたところ、前年に貴州省政府が省内の公務員に対し、接待を含め勤務中の飲酒を原則禁止する禁酒令を出していたのです。私は、中華料理にも合うことを示そうと、惣誉《そうほまれ》・生酛《きもと》仕込み特別純米と大七・純米生酛を日本から抱えてきていました。ゲスト側でしたが、その二本をお出ししたら、三日間で唯一の酒として、日中韓の参加者から大いに感謝され、盛り上がりました。

韓国の酒

韓国の人は酒が強いことで有名です。韓国に行く時は爆弾酒に気をつけてください。ウィスキーを注いだショットグラスをビールで満たした大きなグラスに落とし、一気に飲み干すのが原爆。飲み終えると少し振ってグラス同士が触れあう音を出します。飲み残しがあると音がきちんと出ません。軍事面からは命名に少々疑問がありますが、ビールとウィスキーを入れ替えると水爆。ウィスキーの大グラスにブランデーのショットグラスを入れるのがミサイルと聞きました。水爆、ミサイルの一気飲みはさすがに無理です。韓国の軍関係者によると、軍では脱いだ靴の中にビールを注いで飲ませることもあるそうです。一九九〇年代半ばの韓国出張の際は、幸いなことに靴を差し出されることもなく、宴《うたげ》がお開きになるまで意識も明瞭でしっかり会話していたのですが、覚えているのはホテルの自分の部屋の前で皆にお別れしてドアを閉めたところまで。翌朝、スーツ姿のまま座り込んでドアにもたれて寝ていた自分を発見しました。ここまで酔ったのは最初に日本酒を飲んだ時以来ですが、不思議と二日酔いはありませんでした。

韓国通の知人によれば、お酒を一切飲まない人は、飲酒を強要されることはありませんが、酒に弱い、少ししか飲めないなどと言おうものなら、とことん飲まされてしまうそうです。韓国では、マッコリ、清酒、そして真露《じんろ》に代表される焼酎も楽しみました。

ウォッカ

ウォッカはロシアや東欧の酒です。ベルリンの壁の崩壊後、中欧・東欧の民主化が始まった一九九〇年にポーランドに出張する機会がありました。ポーランド特産の香草入りウォッカのズブロッカはよく飲んでいたので、現地では唐辛子入りやレモン入りのウォッカを希望しましたが、市場の自由化により全量が輸出に向けられ、国内では手に入らないとのことでした。現地の大使館には、次回出張の機会があれば、日本で買ってお土産に持ってくると伝えておきました。

ウォッカの本場はなんと言ってもロシアです。東京で一九九〇年代末にアレクサンドル・パノフ駐日ロシア大使とお酒を通じて親しくなりました。時々居酒屋に誘って日本酒を勧めていましたが、ある時、先方がお礼にと大使公邸で一三種類のウォッカでもてなしてくれました。よく知っているストリチナヤやモスコフスカヤを含め、ずらりと並べたボトルを端から、エリツィン大統領の好きなもの、極右のジリノフスキー自由民主党党首の好きなものと次々に説明してくれ、少しずつ味わいましたが、全種類試飲し終わる頃にはさすがに酔いが回ってしまいました。

日本の蒸留酒

日本の蒸留酒も忘れてはなりません。福岡出身なので九州の酒である焼酎は、日本酒を口にしない時期もしっかりと飲んでいました。帰省先から東京に戻る時のお土産として活躍したのが大分の麦焼酎・吉四六《きっちょむ》です。七〇年代後半のお湯割りによる第一次焼酎ブーム以前は、九州だけで焼酎の消費量の八割を占めていたと聞きます。生産量の間違いかと思いました。飲み方は、オンザロックかお湯割りです。お湯割りと言っても、お湯より焼酎の量の方がかなり多く、ぬるすぎるので電子レンジで温めていました。あらかじめ水で割って数日間馴染ませる前割り焼酎の美味しさを知ったのはずっと後のことです。前割り焼酎のお燗はお勧めです。

八〇年代前半に酎ハイブームが起きますが、甲類焼酎を使うこととアルコール度が低くなることからほとんど飲んでいません。二〇〇〇年代はじめには本格焼酎ブームが到来し、二〇〇三年に焼酎の出荷量が日本酒のそれを抜いた時は危機感も感じました。

最初に知った「古酒」は、日本酒ではなく泡盛でした。日米安保条約を担当していた八〇年代半ばに、米軍基地のある沖縄に出張し、二泊三日の滞在なのに泡盛の古酒を三本空けたのを自慢にしていました。

本格焼酎と泡盛は日本が誇る蒸留酒であり、日本酒とともに日本の国酒とされています。本格焼酎は二〇〇七年を、また、泡盛は二〇〇四年をピークに生産が落ち込んできていますが、近年、海外で注目されるようになり、輸出も増えてきています。ウィスキーとともに日本の蒸留酒が認められるのは嬉しい限りです。本格焼酎・泡盛については後の章でも触れたいと思います。

その他、ラオスで飲んだ泡盛の起源とも言われる餅米の焼酎であるラオラオや、キューバならではのラムを使ったカクテルのダイキリやモヒートをはじめ、飲んだ酒は数えきれませんが、これ以上挙げることは控えておきます。

8　重要な酒の多様性

世界には実に多くの酒があることに驚かされます。酒は人類の歴史とともにあり、我々の生活の中に入り込んでいます。酒の製法の歴史を見ると、まず狩猟・採集の時期に果実や蜂蜜など糖分を含む原料から醸造酒が造られ、次に農耕が始まると穀類を糖化させることにより大量の醸造酒ができるようになりました。蒸留器の起源は紀元前三〇〇〇年頃のメソポタミアに遡るそうですが、七、八世紀にアラブ世界のイスラム錬金術で蒸留技術が改良され、イスラム商人により欧州をはじめ世界に広まり、蒸留酒が造られるようになりました。その後、大航海時代に取引されるようになったハーブやスパイスなどを蒸留酒や醸造酒に混ぜた混成酒が生まれます。そして産業革命後、一九世紀の連続式蒸留器の出現により多様かつ大量の蒸留酒が造られるようになりました。

酒のこの多様性は重要です。私が担当した国際条約の世界では、一九九二年に国連のいわゆる「地球サミット」で生物多様性条約が、また、二〇〇五年にユネスコで文化多様性条約が採択されました。多くの動植物種がすでに絶滅し、今日でも少なくない数が絶滅の危機に瀕しています。また、言語も同様で多くが消滅してしまいました。ある地域において生物でも文化でもその多様性が失われると、生物や文化全体の存続が脅かされるそうです。世界に存在する多種多様な酒も同じです。これからもしっかり飲んで酒の多様性の維持に貢献していくつもりです。

第三章　日本酒入門

「日本酒外交」に入る前に、日本酒について簡単に紹介しておきます。日本酒の製造工程は複雑で、細部に入ると際限がありません。美味しい料理やお酒は、作り方を知らなくても美味しいものですが、少しの知識があればもっと良く味わうことができます。海外では、まずは乾杯して飲んでもらい、それから必要最小限の説明をするようにしていました。本書でも、日本酒についての専門的・技術的な解説は、最小限に留めることとします。

日本酒って何

日本酒は米と水を原料とし、麴菌《こうじきん》、乳酸菌、酵母などの微生物の力を用いて発酵させるアルコール飲料です。酒税法は、原料として米と水の他に「米こうじ」や「清酒かす」

などを挙げていますが、「米こうじ」も「清酒かす」も酒造りの中で生成される物です。これは酒税法の定義が課税など酒類を管理する目的のものであり、一般的な「原料」の語の用い方ではないからです。日本酒は、長い稲作の歴史から米を主食とし、清らかで豊富な水に恵まれた日本ならではのお酒といえます。果物や穀物をアルコール発酵させてそのまま飲むワインやビールと同じ醸造酒の仲間です。醸造酒を蒸留するとワインからブランデー、ビールからウィスキーなどアルコール度の高い蒸留酒になります。

欧州、特にフランスでは、日本酒は蒸留酒であるとの誤解が根強く残っています。理由としては、中華レストランで食後に中国の強い蒸留酒である白酒を「サキ」と称してサーブすることや、精米歩合の表記をアルコール度と勘違いすること、ショットグラスのような小さな杯で飲むことなどが考えられます。日本酒は蒸留酒ではないという基本中の基本から説明する必要がありました。この点、ライス・ワインという表現は、必ずしも正確ではありませんが、ワインと同じ醸造酒であることを明確にする上では有用です。

なお、「酒」は、日本酒だけでなく酒類一般をも指す語ですが、かつては酒と言えば一部地域を除き日本酒のことでした。明治になって外国の酒が入ってくるようになると、それら洋酒と区別するために「日本酒」と呼ばれるようになりました。酒税法には「日本酒」の語はなく、「清酒」の語が用いられています。

近年、海外でも清酒が造られるようになったことから、二〇一五年に地理的表示（GI）の保護として、清酒の中でも「原料の米に日本産米のみを用い、かつ、日本国内で醸造したもの」のみを「日本酒」（Nihonshu／Japanese Sake）と言うこととされました。それ以外のものは、海外産を含めて「清酒」（Sake）と呼ばれます。

日本酒の造り方

次に日本酒の造り方を眺めましょう。原料から始めます。

水：日本酒の原料の八割は水です。水を使わないワイン造りとの大きな違いです。多くの酒蔵は地元の良水を用いますが、都市化に伴い、他所から名水を運んできたり、水質調整後の水道水を使ったりする蔵もあります。含まれるミネラル分の量で硬水と軟水があり、より発酵の進みやすい硬水を用いるとしっかりした力強い風味となり、軟水だと柔らかくやさしい風味になります。

米：米には、食用の飯米と酒造好適米である酒米があり、酒米の生産量は米全体の一パーセント強です。酒造りには酒米と飯米どちらの米も用いられ、合わせて二〇〇種類とも言われます。そのうち酒米は一二五種類ほどです。酒米は、大粒なこと、米の中心にデ

日本酒の製造工程　著者作成

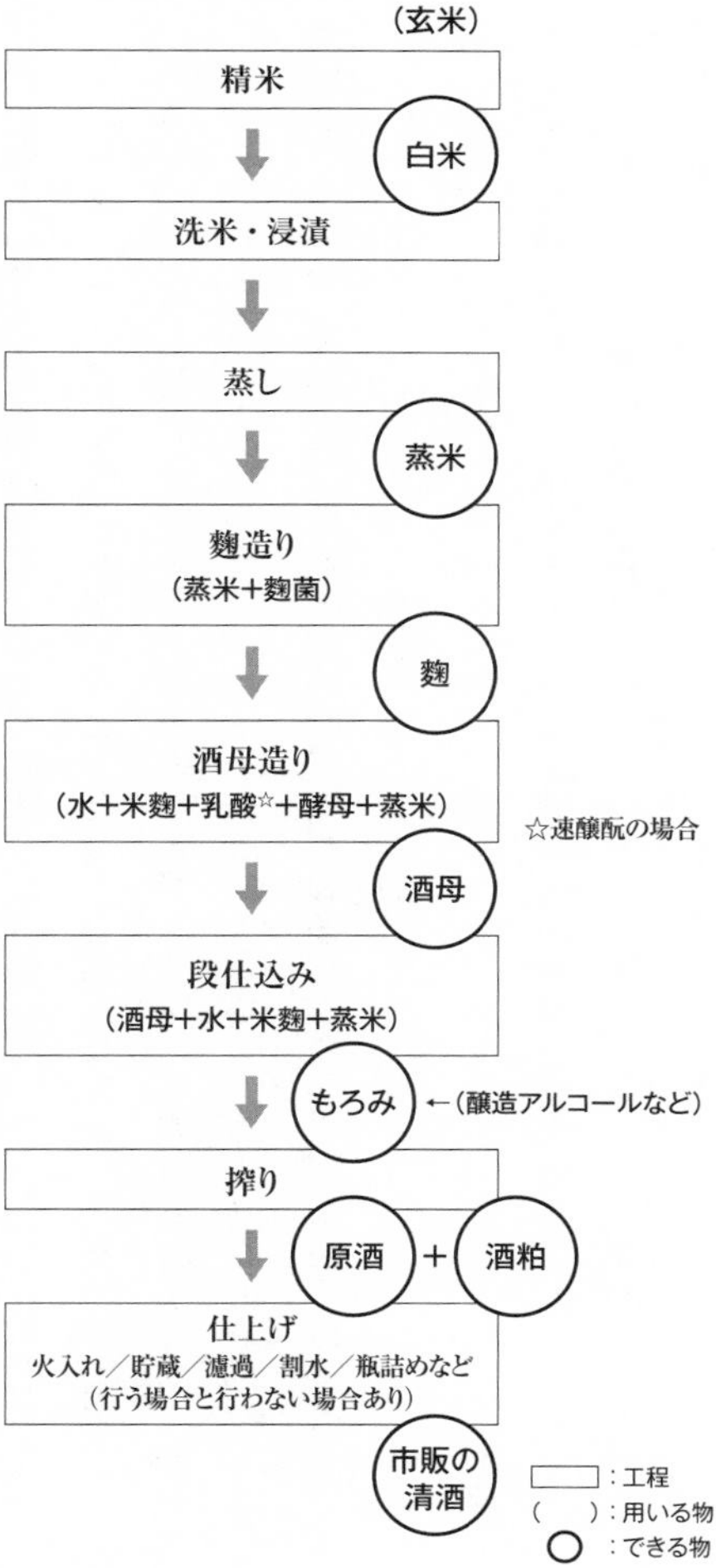

ンプンが集中した大きな心白があること、雑味となるたんぱく質や脂肪などが少ないこと、割れにくいこと、水を吸いやすいこと、といった酒造りに適した条件を備えています。酒米の王様と言われる山田錦が生産量の三五パーセント、五百万石が二〇パーセント、それに美山錦、雄町《おまち》が続きます。最近は地元の酒造り用に新品種の開発も盛んになっています。もっとも、日本酒の場合、醸造工程の多さもあって、米による味の違いはワインにおけるブドウの品種による違いほど明らかには現れません。

微生物：麴菌はデンプンを糖分に変え、酵母は糖分をアルコール発酵させます。乳酸菌は乳酸を造って醸造工程中の酸度を高め、雑菌の侵入や増殖を防ぎます。

次は製造工程です。酒造りの重要な作業について「一麴、二酛、三造り」という言葉があります。これから説明する麴造り、酒母造り、段仕込みのことです。

麴造りの準備は精米から始まります。飯米は約一割を糠《ぬか》として削り取りますが、酒造りではその比率はより大きくなります。外側のたんぱく質、ミネラル、脂質などを取り去って中心部のデンプンを使いやすくするためで、これにより味がより純粋になります。たんぱく質などは旨味成分のアミノ酸に変わりますが、多すぎると雑味ととらえられるのです。

削った残りの部分の割合が精米歩合で、例えば三五パーセント精米では米粒の六五パーセントを削り取ります。米一粒の三分の一しか使わない、何とも贅沢《ぜいたく》な酒です。

次に精米後の米を蒸します。蒸すのは、熱によりデンプン組織を壊すとともに、麹造りに適した水分量にするためです。外硬内軟の蒸し米が良いとされます。

一般に麹とは、穀物に糸状菌を繁殖させたもので、酒をはじめ様々な醸造物を造るために用いられます。日本酒造りの「一麹」にいう麹は米麹のことで、冷ました蒸米《じょうまい》に黄麹菌（アスペルギルス・オリゼ）を振りかけて繁殖させたものです。麹造りは、蔵のお酒の味を決めるとも言われる非常に重要な工程です。

黄麹菌はコウジカビの一種で、焼酎に用いる白麹菌、泡盛用の黒麹菌とともに、日本独自の「国菌」とされています。酒造りに麹を用いるのは、東南アジアを含む東アジアの国々で、欧州や米国には見られません。また、東アジアでも日本以外の国では、麹菌ではなくクモノスカビが用いられており、麹の形も日本のようなバラバラのバラ麹ではなく、固まった餅麹です。

酵母によるアルコール発酵には糖分が必要です。ブドウの実は糖分を含むので、例えば山ブドウが木のうろに落ちて潰れれば、そこに果皮に付着している天然の酵母が作用して自然に発酵が始まります。いわゆる猿酒《さるざけ》です。しかし、糖分を含まない米から自然にお酒ができることはありません。まず麴菌の力でデンプンを糖分に変えるという人間の知恵と技術が必要なのです。昔は、口嚙《くちか》み酒と言って唾液に含まれる酵素を利用して糖化していました。

お酒の発酵は、①デンプンの糖化、②酵母による糖分からのアルコール発酵、という二つのプロセスから成ります。ワインは②のみの「単発酵」、ビールの場合は、①麦芽による糖化に続いて②が起きる「単行複発酵」です。しかし、日本酒の場合は二つのプロセスが一つのタンクの中で同時に起きる「並行複発酵」です。デンプンから糖分を造りつつ、同時にその糖分をアルコール発酵させるのです。並行複発酵は、麴文化圏の東アジアだけに見られる方式で、日本酒造りにおいて独自の進化を遂げた繊細で複雑な発酵方式です。醸造酒なのにアルコール分が二〇度を超えることがあるのも発酵過程中に糖分が途切れることなく追加されていくからです。なお、酒税法上、清酒はアルコール分が二二度未満のものとされています。

「二酛」の酛は、小さなタンクに水、米麴、酵母、蒸米を入れ、発酵のための大量の酵母を育てたもので、酒母とも言われます。かつては各蔵とも蔵付きの酵母を使っていましたが、日本醸造協会が各地の蔵で見つかった優良な酵母を純粋培養して頒布するようになりました。協会酵母と言われ、穏やかな香りの六号酵母（新政《あらまさ》）、芳香の良い七号酵母（真澄）、華やかな芳香の九号酵母（香露）などさまざまです。番号は頒布された順番で、参考までに酵母が発見された蔵名を括弧書きにしました。また、県が独自の酵母の開発を進める例も見られます。最近では、泡なし酵母やナデシコなどの花から分離された花酵母も注目されています。酵母には、焼酎用、ワイン用、ビール用などもあり、焼酎酵母やワイン酵母を用いた日本酒も造られています。

さらに、酵母を培養する時に雑菌が入り込まないよう乳酸を利用して酸度を高めます。酵母は酸に強く、それ以外の菌は酸に弱いからです。天然の乳酸菌から乳酸を造るのが伝統的なやり方です。「生酛」という古い造り方では、蒸米を櫂《かい》ですり潰す「山卸し」という作業を行っていましたが、そうしなくても酵素の力で米を溶かせることが分かり、山卸しを廃止したのが「山廃酛」造りです。明治末に、乳酸菌から育てるのではなく、工業的に作られた乳酸そのものを加えるようにしたのが「速醸酛」。速醸酛は、従来の半分の期間でお酒ができて大幅な労力削減となり、また、失敗も少ないので、現在の日本酒造りの主要な方法になっています。生酛、山廃酛は、造るのに日数と手間がかかりますが、酸味がありしっかりした風味のお酒になるので、挑戦する蔵元も増えています。

「三造り」の造りとは本格的な発酵工程のことです。大きなタンクに酒母を移し、そこに水、米麹、蒸米を三回に分けて増量しつつ仕込んで発酵させます。三段仕込みや段造りとも言います。これは、雑菌の侵入を抑えつつ酵母を増やしていくための手法です。発酵が始まったものがもろみ（醪）で、状況を見極めてもろみを絞ります。絞りの前に醸造用アルコールを添加することがあります。絞って出てくるのが原酒、残ったのが酒粕《さけかす》です。酒の仕上げとして、滓引《おりび》き、濾過の後、発酵を止めるために低温で温める火入れを行い、まろやかにするために数カ月貯蔵します。この過程でアルコール度数の調整のための加水（割り水）を行うこともあります。そして、殺菌のため再度火入れした上で瓶詰めされ出荷となります。火入れを行わない生酒や無濾過の酒などもあります。

なお、発酵を止める低温殺菌法は、一五〇年以上前の一八六六年にフランスの生化学者パスツールが導入しましたが、日本の酒造りではその三〇〇年以上も前から用いられてきた技法です。日本では、この分野ではるか昔からバイオテクノロジーが進んでいたことが分かります。

古い伝統と複雑な造り

日本酒の造り方は世界の酒類の中で最も複雑かつ繊細なものです。ワインの専門家の見方を紹介しましょう。世界最高峰のマスター・オブ・ワインの資格（二〇二二年一一月現在四一五名）を有するジャンシス・ロビンソン氏は、英国『フィナンシャルタイムズ』紙に連載するワインのコラム「酒のために」（二〇一六年一〇月八・九日付）で次のように述べています。

「ワインについてある程度の知識を有するいかなる者にとっても、日本酒は少しおっかない（ｓｃａｒｙ）。その製造工程――多くの種類の米、異なる磨き具合、水質・時間・温度の差異――は、ワイン造りよりはるかに複雑である。製品そのものも、はるかに繊細であり、輸送時にも配慮を要する。ほとんどの日本酒は発売から一年以内に飲まなければならない。多くの日本酒醸造家の家族の歴史の前では最も由緒あるワイン王朝でさえ霞《かす》んでしまう」

歴史の古さについては、史料で確認された現存する日本最古の酒蔵は、郷乃誉を醸す茨城県の須藤本家で、一一四一年にはすでに酒造りを行っていたことが分かっています。当主の須藤源右衛門さんはなんと五五代目です。ちなみに、二番目に古いのが同じ茨城県の藤田酒造店で一四六二年創業。そして一四八七年創業の飛良泉《ひらいずみ》酒造（秋田県）、さらにいずれも一六世紀前半創業の剣菱《けんびし》酒造（兵庫県）、山路酒造（滋賀県）、吉乃川酒造（新潟県）と続きます。創業が一八世紀にまで遡る酒蔵は約三〇〇を数えます。日本の酒造りは古い伝統の上に成り立っているのです。

多種多彩な日本酒をもたらした革新

伝統に革新が加わり、今日では驚くほど多種多彩な日本酒が造られています。シャンパンのような発泡酒、フルーティな香りの高い吟醸酒、米の香りと旨味を感じさせる純米酒、伝統的な生酛造りや山廃造りの酸味のある酒、爽やかで軽快な本醸造酒、低温殺菌（火入れ）を行っていないフレッシュな生酒、絞り加減によるさまざまな濃さのにごり酒、原料の水の一部を酒に置き換えて醸す甘い貴醸酒、数年から数十年間というさまざまな熟成期間の生み出す独特の風味の熟成古酒、低アルコール度の酒など、主なタイプだけを挙げてもこんな具合です。これらは、原料米や水の選択、米の処理の仕方、微生物の選択と取り扱いなど、日本酒の複雑な製造工程の中で、さまざまな変化をつけることによってもたらされる違いです。

また、日本酒の製造には新しい技術も活用されています。例えば、精米は、杵《きね》つき、水車精米の時代から、竪型精米機の導入で大きな効率化が図られました。最近では、扁平《へんぺい》精米や原形精米といった最新の方法も開発されています。

外務省退官後、富士通株式会社のシニアアドバイザーのポストに就いた時に、富士通が獺祭《だっさい》の旭酒造とAIを活用した酒造りの実証試験を行っていることを知りました。早速担当者から話を聞き、いくつかの会議に参加させてもらいました。

このAI予測モデルは、日本酒造りの流れを定義した数理モデルと、獺祭の醸造工程において計測される実際のデータを用いた機械学習を組み合わせることで、日本酒醸造工程における最適なプロセスを支援する情報を提供する技術です。実証試験は、醸造工程を二回合計八タンクの仕込みを実際の製造現場で行い、醸造時のアルコール度数、グルコース（ぶどう糖）、日本酒度（水を基準とした酒の比重）を予測できることが確認されました。また、旭酒造が定義するアルコール度数と日本酒度との最適な関係を保つためのタンク内温度と加水管理についての支援情報を提供することができました。酒造りの工程を可視化し、データから将来を予想し、最適な状況をもたらすために温度を調整したり、加水したりする指示を出してくれるということです。もっとも、今回は、日々の醸造工程を追従できるのかという観点での実証試験であり、品質向上や効率化に向けて課題が残されているとのことです。

二〇一九年八月、山口市で開催された日本酒造組合中央会中国支部の夏期酒造ゼミナールに講師として参加した際に、旭酒造を訪問する機会がありました。狭い山間地で上に伸びるしかなかったという一二階建ての近代的な蔵は、種々の新しい設備を備えています。そこでは、麴造りや仕込みなど各々の工程で人の手によらざるを得ないところは当然に人手を用いつつ、機械でもできる作業には効率的に機械を用いています。最高の品質を追求するために人手も最新の機械もデータも全てを使った、現代だからこそできるハイブリッド型の酒蔵でした。ＡＩの活用はまだ先の話ですが、最新の機械やデータを用いるというと、まるで全て機械任せのように聞こえます。しかし、現場では、酒はあくまでも人が醸すものであり、その効率を良くし、伝統を越えてより良いものを造るために可能な場合は新技術を用いるという印象を受けました。この点はこれまで訪ねたいくつかの蔵でも同様でした。

日本酒の分類

日本酒は、高級酒である特定名称酒と普通酒とに二分され、特定名称酒は、原料や製造方法により、純米大吟醸酒、大吟醸酒、純米吟醸酒、吟醸酒、特別純米酒、純米酒、特別本醸造酒、本醸造酒の八つに分類されます。そして、これらが酒母の造り、火入れの有無、絞りの粗さ、熟成期間などによりさらに細かく分類されます。日本酒の種類・分類が複雑多岐にわたることが、外国人だけでなく日本人にも日本酒を分かりにくくさせている原因の一つかもしれません。

ここでは、原則として、純米酒、本醸造酒、吟醸酒の大まかな三分類を用いることとします。純米酒は米と水を原料とする酒、本醸造酒はそれに限られた量の醸造アルコールを加えた酒、吟醸酒は、純米酒や本醸造酒の中で、精米を進めてより小さく磨いた米を使用し、低温でじっくり発酵させるなど特別に吟味して造ったお酒です。

少量の醸造アルコールを加えるのは、香りが出やすくなるとともに、味のキレが良くなるからです。ワインに慣れていてアルコール添加を敬遠する方もいますが、偽物ではありませんし、純米酒より劣るものでもありません。

吟醸酒は、果物を思わせるフレッシュで華やかな香り、すっきりした飲み口、喉ごしのなめらかさが特徴です。米と水しか使っていないのにフルーティな香りがするのは、低温という過酷な環境の下で負担を強いられた酵母が、発酵の過程でアルコールとともに果物にも含まれる香りの素となる化合物（カプロン酸エチルなど）を作り出すからです。吟醸酒は、定義上、純米酒又は本醸造酒に含まれますが、飲み手として純米酒、本醸造酒と言う時は、吟醸酒を除いたものを指すのが通常です。

日本酒「4タイプ分類表」　「日本酒造組合中央会」提供の資料より作成

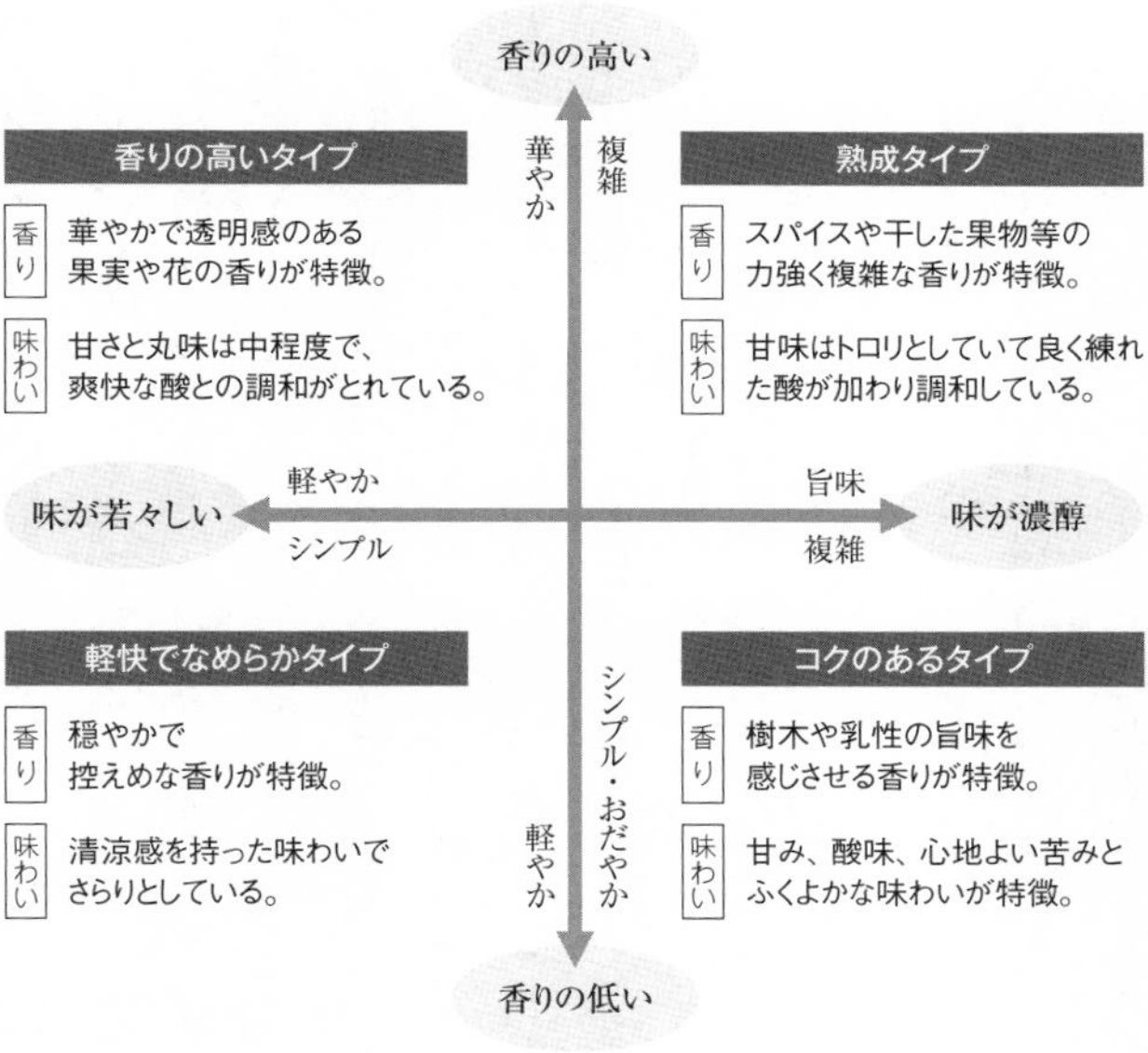
香りの高い
華やか
複雑
香りの高いタイプ
香り
華やかで透明感のある果実や花の香りが特徴。
味わい
甘さと丸味は中程度で、爽快な酸との調和がとれている。
熟成タイプ
香り
スパイスや干した果物等の力強く複雑な香りが特徴。
味わい
甘味はトロリとしていて良く練れた酸が加わり調和している。
軽やか
味が若々しい
シンプル
旨味
味が濃醇
複雑
軽快でなめらかタイプ
香り
穏やかで控えめな香りが特徴。
味わい
清涼感を持った味わいでさらりとしている。
コクのあるタイプ
香り
樹木や乳性の旨味を感じさせる香りが特徴。
味わい
甘み、酸味、心地よい苦みとふくよかな味わいが特徴。
軽やか
シンプル・おだやか
香りの低い

日本酒の香りと味

多種多彩な日本酒の香りと味を表すには、日本酒造組合中央会による四分類が便利です。上の図のとおり、香りの高低を示す縦軸と味の濃淡を示す横軸とで区切られた四つの平面で表す分類で、①香りの高いタイプ、②軽快でなめらかタイプ、③コクのあるタイプ、④熟成タイプの四つです。

なお、よく辛口・甘口と言

われますが、この関連で「日本酒度」という数値が用いられます。これは、水を基準とした酒の比重で、糖分を多く含む酒は水の方が軽いのでマイナスの数値（甘口）に、また、糖分が少ない酒は水の方が重たいのでプラスの数値（辛口）になります。辛口・甘口には酸度も影響しますので、あくまで一つの目安と考えてください。気をつけるべき点は、日本酒における辛口は、ワインのドライとは異なり、「それほど甘くない」と理解した方がいいということです。もっとも、最近では甘味を抑えた超辛口の日本酒も造られています。

また、日本酒はアミノ酸の含有量が高いのが特徴であり、個々の酒にもよりますが、赤ワインと比べ五倍、白ワインと比べ一〇倍という資料もあります。このため、日本酒は幅広い料理に合わせることができるのです。

多様な飲み方を楽しめる日本酒

日本酒は、飲み方によってさらに性格を変えます。例えば、日本酒ほどさまざまな温度で楽しめる酒は他にありません。温めたワインにスパイスやフルーツを入れたホットワインは、欧米ではクリスマスなど冬の飲み物で一般的ではありませんし、高級なワインは用いません。東アジアには、中国の老酒《ラオチユウ》、韓国の清酒などお酒を温めて飲む伝統がありますが、温度により異なる呼称を有するのは日本酒だけです。

日本酒の温度の呼び方は原則五℃刻みで、雪冷え（五℃）、花冷え（一〇℃）、涼冷え《すずびえ》（一五℃）、常温（冷やとも言う。二〇℃～）、日向燗《ひなたかん》（三〇℃）、人肌燗（三五℃）、ぬる燗（四〇℃）、上燗（四五℃）、熱燗（五〇℃）、飛び切り燗（五五℃）となっています。同じ日本酒が温度により全く違った味わいになるのは驚きです。特に純米酒の燗酒は、米の旨味をしみじみと感じさせます。また、雪冷え、花冷えからは、雪見酒、花見酒の習慣を連想します。月見酒の習慣もあり、人間の生活は自然とともにあるとの日本人の意識がうかがえます。

日本酒はできて一年以内に飲むものと思われていますが、実は賞味期限はなく、三年、五年、一〇年と熟成させるにつれて、色、香りや旨味を変えていきます。銘醸ワインには何十年も寝かすものもありますが、それは最上の飲み頃に達するのを待つためであり、さまざまな熟成の仕方を楽しむ日本酒とは異なります。熟成古酒は、江戸時代までは旨さの増す酒として広く飲まれていましたが、明治政府が、酒が造られた時に課税するようになって廃《すた》れてしまいました。税金を払った酒を何年も寝かせておく余裕はないからです。現在では出荷時に課税されるようになり、熟成古酒が復活しつつあります。熟成後に販売される酒もあれば、購入後に自宅で熟成させることも可能です。何年も経った古い酒を見つけても捨てないでください。

料理との幅広い相性―フランスからの視点

さまざまな味と香りを有し、多様な飲み方のできる日本酒は、和食のみならず、フランス料理、中華料理などを含む幅広い料理に合わせることができます。このことがほとんど知られていないのは実に残念です。

最近ではフランスのワインのプロが日本酒に注目し始めています。二〇一七年にパリのホテル・ド・クリヨンのシェフソムリエのグザビエ・チュイザさんとパリを拠点に日本酒啓蒙《けいもう》活動を行うGALERIE K PARISの宮川圭一郎さんが、フランス初の日本酒コンクールであるクラマスターを創設しました。これは、フランス人のためにフランス料理に合う日本酒を選ぶコンクールです。チュイザさんは、酸味、苦味、ヨード香などのある料理とワインとの相性に悩んでいた時期に日本酒に出会い、その可能性に気付いたそうです。宮川さんによれば、ワインが得意ではない味や食材として、卵、旨味、苦味、燻製《くんせい》、酸味、辛味、ヨード香の七つがあります。魚卵や鶏卵についてはフランスでも以前から認識されていましたが、ワインとこれらの味との相性の問題が特に注目されるようになったのは比較的最近のことです。その理由として、フランス料理自体の変化が挙げられます。

近年、世界的な健康ブームや食の安全への関心の高まり、IT導入などによる労働や生活環境の変化もあって、フランス料理自体が変化を遂げています。具体的には、食事の量が大きく減り、料理の塩味やパティスリーの甘味も大幅に減少する一方で、ワインの苦手な味や食材が増えています。苦味は、生や加熱を控えた野菜の使用により増加し、酸味も多用されるようになっています。旨味については、バター、生クリームなどの動物性油脂の使用を減らした分、低カロリーの日本のだしの使用による旨味の増加も見られます。実際に、フランス料理にも、わさび、山椒《さんしょう》、抹茶、紫蘇、昆布などの和の食材や炭火焼きなど和の技法が取り入れられるようになっています。和食の影響は、一九七〇年代半ばの新フランス料理の登場時よりもはるかに大きなものです。これにより、卵に加え、苦味、

クラマスター協会名誉会長に就任。チュイザ会長と

辛味、旨味、ヨード香、燻製香、燻製による旨味の凝縮などワインが苦手な味が増えているのです。これらは、日本では馴染みのある味や食材であり、日本酒との相性は極めて良好です。なお、日本酒は塩味や甘味とも合うことは周知のとおりです。

また、ボルドーやブルゴーニュのワインの価格の高騰により、フランス料理店において料理に新世界ワインやワイン以外の世界の醸造酒を合わせてみようとの動きがあったことも日本酒が注目された理由の一つです。

クラマスターの一〇〇名近い審査員は、ソムリエ、バイヤー、ジャーナリストなどフランス人を中心に欧州のワインのトッププロで構成されています。フランス料理店が自分たちの料理に合わせて出す日本酒を求めているのです。食の本場フランスで、日本酒とワインはお互いに補完し合う関係にあると認識され始めています。二〇二〇年に日本酒造組合中央会とフランスソムリエ協会とのパートナーシップが締結されたことを大いに歓迎します。なお、二〇二一年の第五回クラマスターから、本格焼酎・泡盛の部門が追加されました。

クラマスター設立時には私も任地のカナダからお祝いの言葉を贈りました。ありがたいことに、二〇二一年九月にクラマスター協会名誉会長に就任しました。現地では、ワインのプロが熱心に日本酒を勉強するのを見て感激しました。同時に、これまで多くのワインを飲んできたにもかかわらず、ワインに関する体系的な知識に欠けていたと反省し、ワインスクールのアスカ・レコール・デュ・ヴァンを主宰する福岡県つながりの友人である杉山明日香さんと林竜平さんに教えを乞うているところです。

日本酒と日本人の食生活

ワインと同様、日本酒も料理に合うものを選ぶことにより料理と日本酒の双方がより美味しく感じられます。料理と酒の相性を英語でペアリングと言います。フランス語では結婚を意味するマリアージュ。いずれもワイン用語として定着しています。

従来、和食には日本酒、西洋料理には洋酒が当然と考えられており、日本酒と料理とのペアリングが注目され始めたのは、多様な日本酒が登場するようになった割と最近のことです。今日、食生活から眺めると、日本人は世界で最も多種多様な食事をとる民族ではないでしょうか。食に対する好奇心が強いと言い換えることもできます。多くの国で人々は、普段は自分の国や地域の料理を食べています。アラブ世界では朝昼晩ともアラブ料理が多いようでした。西欧でも、英国のように料理について保守的と言われる国があります。日本はどうでしょうか。海外で会席風の料理を出すと、日本では毎日こんな料理を食べているのかとよく聞かれましたが、そんなことはありません。日本では、伝統的な和食と日本独自の洋食に加え、中華料理、インド料理、イタリアンやフレンチなどの西洋料理、韓国料理、ロシア料理、最近では東南アジア料理など実に多彩な料理が食べられています。しかも、家庭でこれらの料理が作られることも多いのです。こんな国は世界で日本だけです。

日本人の食に対する熱意には驚かされます。おせち料理のカタログを眺めていると、和洋中のおせち三段重に眼《め》が止まりました。全四五品目で、和食の一部が定番の伝統的なお正月料理である他は、和洋中とも高級食材を用いた超豪華料理です。豊穣を願って歳神様《としがみ》をお迎えするという神事から始まったお正月という最も重要な行事を祝う席に出されるのがおせち料理です。伝統を踏まえつつ新しいものを取り入れるという日本人の多様な食生活を象徴していると思いました。

日本人の食へのこだわりはレストランにも反映されています。二〇二二年のワールド・シティ・カルチャー・フォーラムの資料（調査年は都市により異なる）によれば、東京のレストラン数約一三万八〇〇〇軒は世界一で、パリの約三万八〇〇〇軒やニューヨークの約二万七〇〇〇軒をはるかに上回ります。また、ミシュランガイドブック（二〇二二）の星つきレストランの数は、東京が二〇三軒で、パリの一一八軒を大幅に上回って世界一です。

そして、今日、我々は、多種多彩な日本酒が造られ、それらを飲める時代に生きています。日本酒は幅広い料理に合わせることができるので、あらゆる料理を食べる日本人の食生活に合わせる酒を一つだけ選ぶならば、それは多様なラインナップを誇る日本酒しかないと確信しています。居酒屋のみならず、家庭でも和食以外のレストランでも日本酒がもっと飲まれるようになってほしいものです。

料理との相性の具体例

日本酒と料理との相性については、多くの良書が出版されており、さまざまなルールが提案されています。例えば、似たもの同士で調和させる、すなわち、濃い味の料理にはしっかりした味わいの酒、薄味の料理には軽快な酒といった具合です。他にも、対照的なもの同士で味を複雑に増幅させる（スイカに塩、生ハムとメロンの組み合わせのように、甘味と塩味、甘味と酸味を合わせる）、素材特有の匂いを包み込んでマスキングする、などです。新たなペアリングが思ってもみなかった新しい味の発見につながることがあります。詳しい専門家のいる居酒屋などで是非試してください。

ペアリングを実践するためには、日本酒の味と香りをきちんと把握しておかねばなりません。そこで、先に触れた日本酒造組合中央会による日本酒の四分類が役に立ちます。中央会のホームページには、次の図のとおり四分類のタイプごとに相性のいい料理が挙げら

日本酒「料理との相性例」

「日本酒造組合中央会」提供の資料より作成

香りの高いタイプ

洋風	白身魚のムース、帆立貝のワイン煮、魚介類のグラタン、クリームシチュー、アボガドと海老のサラダ
和風	スズキの塩焼き、鮎の塩焼き、山菜のてんぷら、平目のこぶじめ、あなごの白焼き
中華	棒棒鶏、カニ爪の揚げ物、八宝菜、春巻、帆立貝とブロッコリーの炒め物

熟成タイプ

洋風	ラムのステーキ、ビーフシチュー、鴨のロースト、フォアグラのソテー、スパゲティミートソース
和風	うなぎの蒲焼き、鯛の甘煮、豚の角煮、鯉のあら煮
中華	鯉の唐揚げ、牛肉のオイスターソース、北京ダック、しゅうまい、甘酢あんかけ

相性が悪い ← 風味の強い料理／脂っこい料理

生の魚介類を使った料理／淡白な料理 → 相性が悪い

軽快でなめらかタイプ

洋風	シーフードサラダ、ポテトサラダ、ロールキャベツ、野菜のテリーヌ、マカロニグラタン、プレーンオムレツ
和風	ニジマスの塩焼き、出汁巻き玉子、茶碗蒸し、タコの唐揚げ、生カキ、ふろふき大根、湯豆腐
中華	エビやカニのシュウマイ、春雨サラダ、イカの炒め物、カニ玉

コクのあるタイプ

洋風	鶏のハンバーグ、ビーフステーキ、仔牛のカツレツ、クリームシチュー、フライドチキン
和風	とんかつ、筑前煮、サバの味噌煮、焼き鳥（タレ）、すきやき、カレイの唐揚げ
中華	八宝菜、焼きぎょうざ、酢豚、マーボー豆腐

れているのです。

これにより、食べたい料理に合う日本酒のタイプが分かります。しかし、ある酒がどのタイプに属するかが必ずしも明確ではないとの問題が残っています。一般的には、①香りの高いタイプが吟醸酒、②軽快でなめらかタイプが本醸造酒、③コクのあるタイプが純米酒、④熟成タイプが熟成古酒にほぼ該当します。しかし、例外もあり、軽めの純米酒や香りを抑えた吟醸酒など②の軽快でなめらかタイプに該当するものがあります。また、本醸造酒や純米酒でも吟醸酒レベルの香りのものもあり、①の香りの高いタイプでも通用します。逆に、吟醸酒でも山廃造りのものなど、香りが抑えられ、しっかりした味わいのものもあるのです。

料理に合う酒を選びたいのに、飲んでみなければ合うかどうか分からないのでは困ります。酒の味を教えられるのはそれを造った蔵元のみですので、少なくともどのタイプに属するかをラベルに記載してほしいと思います。たまたま手元にある山梨県の七賢《しちけん》や青森県の作田《さくた》のラベルは、四分類の座標のどこに位置するかが星印で示してあり、属するタイプだけでなく、その中での香りの高低や味の軽重の程度まで分かるようになっています。また、石川県の天狗舞のラベルは、味の厚み、酸味、辛さなどの程度を示しています。いずれも飲み手にとって有益な情報提供です。実際のペアリングの経験については、日本酒外交の項で触れることとします。

第四章　外交と日本酒

外交と文化外交

以上の日本酒の理解を基に日本酒外交の話に移ります。まず、日本酒外交の「外交」の部分について触れておきましょう。外交とは、言葉や文化、考え方、政治制度や経済体制などを異にする多くの国々から成る国際社会の中で、自分の国と国民の安全や繁栄といった利益、すなわち国益を守っていく仕事です。

外務省の外交青書は、日本外交について、①日本と国際社会の平和と安定に向けた取り組み、②日本の国際協力、③経済外交、④日本への理解と信頼の促進に向けた取り組み、⑤海外における日本人への支援、の五つの切り口から述べています。いずれも重要な分野ですが、近年重要性が認識されてきたのが、④の日本への理解と信頼の促進に向けた取り組みです。これは、私が担当していた文化外交（広報文化交流とも呼ばれる）であり、日本酒外交もその一部なので、少し説明しておくこととします。

文化外交とは、政府が、民間とも連携しつつ、対話、交流、広報などの手段で、外国の国民や世論に直接働きかけ、①自国への理解や親近感を深め、自国のイメージや好感度を向上させ、自国の存在感を高めること、②自国の重視する価値の普及を進めること、を目的とするものです。

外交は基本的に国家を代表する政府と政府との間で行われますが、近年、議会、自治体、企業、各種団体、個人など政府以外による国際的な交流が進んでおり、いずれの国でも世論が外交に及ぼす影響が大きくなっています。文化外交では、民間が大きな役割を果たすことや外国の国民や世論に直接働きかけることを踏まえると、国民の一人一人が文化の外交官であると言えるでしょう。

文化外交で重要な役割を果たすのが、イラクの項で触れた「ソフトパワー」です。私自身、イラク大使の直後に外務省広報文化交流部長として文化外交の担当となり、日本の伝統文化からポップカルチャーに至るまで幅広い日本文化の発信に努めました。特に、漫画、アニメ、コスプレ、ファッション、アイドルなどのポップカルチャー外交に力を入れましたが、この話は別の機会に譲ります。

従来の国際関係では伝統的に軍事力というハードパワーに重点が置かれてきたことから、近年はソフトパワーの役割に関心が集まっています。しかし、ソフトパワーとハードパワーのいずれか一方だけでは十分ではなく、今日では、ハードパワーとソフトパワーの適切な組み合わせである「スマートパワー」の重要性が広く認識され始めています。

外交における会食の重要性

さて、日本酒と外交がくっつくのは、外交において会食が非常に重要な役割を果たしてきているからです。最近、国家公務員倫理法違反の接待やコロナ禍での自粛要請中の会食などにより、接待や会食に対する否定的な見方が広がっています。さまざまな事例で会食のあり方や目的に問題があったことは事実ですが、それにより会食自体が悪者にされてはならないと思います。「饗宴《きょうえん》外交」という言葉があります。フランス革命・ナポレオン戦争後の欧州の秩序回復を目指した一八一四～一五年のウィーン会議の時に生まれた言葉です。敗戦国フランスの代表を務めたタレイラン外相は、天才料理人カレームを帯同し、各国代表に美食とワインを振る舞って敗戦国でありながらフランスに有利な形で交渉を進めることを可能にしました。このウィーン会議は、『会議は踊る』というドイツ映画にもなっています。また、外交儀礼や国際儀礼と訳される「プロトコール」の内容を見ても、ディナーやパーティ、テーブルマナーに大きな比重が置かれています。

国賓訪問の際の宮中晩餐会《ばんさんかい》や首脳同士の晩餐会の様子がニュースになることがあります。これらは外交における最上級の位置付けの公式行事であり、政治的にも重要な意味合いを有しています。外国首脳などの訪問については、国賓、公賓、公式実務訪問賓客といった形式が決められており、それに応じて宮中晩餐会の有無など饗宴のやり方も異なります。フランス大統領府のエリゼー宮の晩餐会で出されるメニューやワインのランクによって、ゲストの格付けが分かるとの話は有名です。

外交の現場では、あらゆるレベルで日常的に会食が行われています。会食の目的は、情報の収集・交換や人脈形成、自国への理解の促進などです。必要な情報の九割以上は公開情報にあると言われ、新聞やテレビのみならず、最近ではインターネットなどの情報にも目を配る必要があります。その上で、新たな情報を求めてさまざまな人と会うのも外交官の仕事です。

会食の相手方は、任国の外務省や関係する省庁の役人、議員やスタッフなどの議会関係者、他国の外交官、ビジネスマン、学者や有識者、ジャーナリスト、文化芸術関係者などさまざまであり、現地で活動する自国企業の関係者なども含まれます。外国勤務では、若い書記官から参事官、公使、大使に至るまでそれぞれのレベルに応じたカウンターパート（相手方）がいます。日本では会食というとある程度以上のランクの者が行うという印象がありますが、外交においては、若い頃から自分の相手方をレストランや自宅に招待して会食を行うのが通常です。もちろん招かれることも多くあります。

普段の仕事では、通常はアポを取って相手方のオフィスに赴きます。仕事時間中の面談ではあまり長い時間は取れませんが、ランチに招待すれば忙しい時にもまとまった時間が取れます。美味しい料理を食べるのは楽しいし、仕事以外のことにも話が及びます。食事にはお酒が付き物であり、美酒が加わると、普段はしないような話も出てくるかもしれません。何しろお酒は会食の潤滑油なのですから。最近では朝食会合も増えていますが、そちらはよりビジネスライクです。

顔見知りになるとランチの次はディナーです。単身での招待は例外的であり、通常は夫妻単位になります。お酒も入り、夫妻であることもあって、会話はさまざまな話題にも及びます。一度ディナーで同席するとぐっと親しくなれた感じがします。相互主義の下、呼ばれたら呼び返すというのが外交儀礼なので、次は相手方から招待されることも多く、また、ディナーには一度に何組かを招くことが多いので、交遊の幅も広がります。

レセプションやパーティの開催

大使館や総領事館など在外公館によるレセプションやパーティも頻繁に開催されます。これらは、政治的・社交的な意味合いが大きいのですが、多くの人と知り合う機会や特定の出席者と意見交換する機会も提供してくれます。各国が最重視するのが、ナショナルデー・レセプションです。これは、建国や独立の記念日、元首の誕生日などのナショナルデー（国祭日）を祝うもので、日本大使館では天皇誕生日レセプションがこれに当たります。

大使の着任と離任のレセプションも重要です。日本と相手国との間の重要な会議や節目のイベントの際にもレセプションを開催します。また、大使館が数多く行う文化行事の機会にレセプションを開催することもあります。

ここではナショナルデー・レセプションについて述べましょう。各国の国祭日は決まっていますが、週末やイースター、夏期・冬期休暇などを避けるために一定の範囲で日程をずらすことがあります。例えば、上皇陛下の誕生日は一二月二三日ですが、私の現役当時、一一月末から一二月半ばには、タイ、フィンランド、ケニアなど一〇カ国の国祭日があり、重複しないように日程を調整する必要がありました。また、欧州で日にちを一二月七日に決めた後に、それが現地では真珠湾攻撃の日だと気付き、変更したことがあります。日本時間では一二月八日なのでそれを外せば大丈夫と思い込んでいたのです。季節的に公邸の庭が使えない場合にはホテルのホールで開催しますが、数百人規模の施設は限られているので、早い時期からの予約が必要でした。

外国の例では、ドイツが東西ドイツの統一記念日の一〇月三日を新たに国祭日にしたため、韓国の建国を記念する開天節と重なってしまいました。九〇年代に東京で両国のレセプションに招待されましたが、調整の結果、両国が昼と夜に時間をずらして開催し、毎年その順番を入れ替えていました。また、オーストラリアの国祭日は一月二六日のオーストラリアデーですが、ある年からオーストラリアデー・レセプションが春に変更されて驚きました。在日本大使館だけの特例で、寒い冬よりも大使館・公邸の敷地にある桜の花を愛《め》でることができる時期に移したのは上手いやり方だと感心しました。オーストラリアの外交官から聞いたところでは、開花予想がずれると大変なので、日にちについては大使のみに決定権限があるとのことでした。

ナショナルデー・レセプションでは、任国の閣僚など要人が主賓として出席し、祝辞を述べるのが慣例です。そして、レセプションで誰が主賓を務めるかに各国が注目しています。カタール在任中の三回のレセプションの主賓は、教育相、エネルギー相、文化相でした。カナダでは、最初のレセプションは総選挙後で首都に閣僚が不在のため主賓はなし、翌年は外相が出席してくれました。

開場と同時にドリンクを提供し、三〇分ほどしてゲストがある程度集まったら主賓が入場し、大使と主賓の挨拶の後に乾杯となり、その後に食事が提供されます。主賓の到着が遅れることもあります。ドリンクのみで一時間近くが経過すると、ゲストの苛立《いらだ》ちが伝わってきます。主催者としては、ゲストのことも気になりますが、主賓抜きで宴を始めるわけにもいかず、気が気ではありませんでした。

以上のとおり、会食にはさまざまな重要な目的がありますが、私にとっては、何よりも相手と親しくなり、信頼関係の構築に資するという点が重要でした。面談のアポを取るには時間がかかります。いざという場合には緊急に電話で連絡を取ることができるような関係が築ければ素晴らしいことです。

レストランや自宅で会食を主催する

仕事上の会食はランチが多く、通常はレストランで行います。相手とはできるだけ一対一で会い、メモは取らないようにしていました。不必要に警戒されたくなかったからです。会食の終了後、関係者への報告用に、覚えている内容をただちに書き起こしてまとめます。酔いにくい体質なので、食事もお酒も楽しむことができて助かりました。

レストランでは食前酒には要注意です。店側はよくシャンパンを勧めますが、ゲストが頷《うなず》いてしまうと大変です。手頃なコースメニューの予定なのにシャンパン一杯で予算の三分の一に達することもあるのです。この問題の解決策を編み出しました。食前酒について聞かれたら、すぐにミネラルウォーターを頼むのです。ゲストが、今日は水なのかと驚かないように「ワインで始めたいのでワインリストをお願いします」と続けます。これで食前酒を避けつつ、ゲストを安心させることもできました。

夫妻単位のディナーは自宅で行うよう努めました。和食ブームの到来前でしたが、日本の外交官に招待されて和食を期待しているのが伝わってきます。当時は入手できる和の食材は限られており、さまざまな工夫が必要でした。自宅での会食主催の負担は結構大きく、頻繁に実施することができなかったのが残念です。

英国で外務省のカウンターパートのお宅に夫妻で招かれた時のことです。テーブルに着くとすぐに給仕人が料理を運んできてケータリングサービスと分かりました。特別に凝ってはいませんが美味しい料理が出され、ホステスの夫人も常にテーブルに着いたまま楽しく宴が進みました。こんな形でディナーを主催できれば楽だろうなと、和食のケータリングがないのを残念に思ったものです。

それでも、自宅での会食では、和食という日本独自の料理とお勧めの日本酒を提供することができます。ゲストに喜んでもらえた時の嬉しさと満足感には大きなものがありました。続けているとやり方にも慣れるもので、大変ではあるものの、毎回楽しんでいました。

外交を支える大使公邸と公邸料理人制度

さて、大使になると大使公邸に住むことになります。イラク戦争後のバグダッドにはきちんとした公邸はなく、独立家屋の分館事務所の一室を大使執務室、もう一室を大使居住区画、すなわち寝室に当てていました。カタールの公邸は、大使館事務所と同じ建物内にあり、内部で仕切られていました。ユネスコではアパルトマンの六階、カナダでは広大な庭を有する三階建ての独立家屋と、公邸と言っても任地によりさまざまです。

公邸内では公私のスペースが明確に区分されており、公的部分には、サイズの異なるラウンジや食堂、多目的ルームなど外交活動に活用できるスペースが用意されています。集合住宅の中のユネスコの公邸はそれほど広くありませんでしたが、カタールやカナダでは屋内で一〇〇人程度のレセプションの開催も可能でした。庭も使うとカタールでは三五〇人規模、カナダでは五〇〇人規模の大型レセプションを開催できます。もっとも、カタールでは五〇℃近い酷暑の夏、カナダでは零下三〇℃にもなる長く厳しい冬のため、庭を使用できる時期は限られています。大使公邸は、会食や種々のレセプション、イベントを主催するための貴重な場所でした。

そして会食という外交活動を支えてくれるのが公邸料理人です。大使や総領事などの公館長になると、公的な会食の業務と大使の私的な食事を担当する公邸料理人を帯同することができます。公館長と個人雇用契約を交わすのですが、料理人の公務における重要な役割に鑑み、旅費や給与の一部を外務省が補助する仕組みになっています。カタールとユネスコでは天野明幸さん、カナダでは藤井一郎さんが公邸料理人を務めてくれました。藤井夫人の歩さんによる和服でのサーブも大きなソフトパワーでした。

公邸料理人なしに公邸で和食の会食を行うことは極めて困難でしょう。ケータリングについては、和食料理人を手配するのに物理的・予算的な制約があります。大使が用務帰国などで任国不在の間は臨時代理大使が置かれますが、料理人が欠けてしまうと代わりがいません。外交活動上、大使以上に不可欠の存在かもしれません。大使としてさまざまな公的な食事会を主催する機会があり、一〇回を超える月もありました。次の章で詳述しますが、原則として和食のフルコースの食事を提供し、各々の料理に合わせて日本酒を味わってもらうことができたのも公邸料理人のおかげです。

私にとって会食主催は、ホスト・ホステスと料理人との二人三脚のイベントでした。例えばメニューは、ゲストの人数や嗜好《しこう》、使いたい食材などを踏まえて料理人と打ち合わせて決めていました。異国の地、外国語、馴染みのない食材といった厳しい環境の中で会食という重要な外交活動にともに携わってくれた二人の公邸料理人に改めて感謝します。

会食のアレンジに苦労

『国際ビジネスのためのプロトコール』(寺西千代子著)の目次を見ると、ディナーについては、正式招待状、招待客の選択、料理とお酒、席次とテーブルプラン、乾杯など一八もの項目が並んでおり、具体的なチェックリストには、服装、食器・グラス、花、クローク、スピーチ、国旗などの細かい点まで挙げられています。

実際、日時設定やゲストの選定など会食のアレンジには手がかかります。例えば、招待は十分な時間的余裕を持って行う必要がありますが、なかなか回答が来ないこともあります。特にアラブ圏でその傾向が強く、ずっと先のことはなかなか決まらないのです。何しろ、結婚式の招待状が式の前日に届くこともある国です。逆に、直前に声をかけると大丈夫だったりしました。ゲストが決まると一安心ですが、本格的な準備はそれからです。

特に気を遣う禁忌・アレルギー・嗜好

メニュー作りのためにゲストの嗜好を確認します。まずは宗教上の禁忌です。イスラム教では不浄とされる豚は食べませんし、ヒンドゥ教では聖なる動物の牛は食べません。とりわけ、食事に関する戒律が厳しいのがユダヤ教です。食べて良い物（コーシャ）は聖書に明確に記されています。「分かれたひづめを持ち、反芻《はんすう》する種類の動物」に該当する牛、羊、山羊《やぎ》、鹿は大丈夫ですが、豚とウサギは駄目です。食肉処理は宗教上の規定に従って行われる必要があります。水産物では、ヒレとウロコのあるもののみが大丈夫で、甲殻類、イカ、タコ、貝類は駄目です。他にも、肉と乳製品の同時摂取や血液なども駄目です。イスラエル大使を会食に招待した時にしっかり調べました。

なお、ユダヤ教ではアルコールは禁止ではありませんが、一般的な醸造アルコールや滓下げに用いるゼラチンなどが問題とされる可能性があります。日本酒については、二〇一〇年に獺祭の旭酒造がコーシャ認定を受け、二〇一一年に菊水酒造が続きました。その後、認定を受ける蔵が増え、現在は南部美人、梵《ぼん》、八海山など一〇銘柄を超えています。

宗教上の禁忌との関連では、鶏か子羊ならほとんどの場合問題はありませんが、鶏が苦手な人は意外に多く、また、多くの日本人は食べ慣れていない子羊を敬遠しがちです。鶏も鴨《かも》も駄目だが、フォワグラは大丈夫という方もいました。

ベルギーでオーストラリアの外交官夫妻を招待した際、到着後に夫人がマレーシア人でイスラム教徒であることが分かり、彼女の料理のみ慌てて変更したことがありました。また、カナダでヒンドゥ教徒であるインド大使を招待した時は、子羊肉を用意しましたが、到着後に今日は肉を食べられない日だと言われて慌てました。ヒンドゥ教では曜日ごとに祈りを捧《ささ》げる神様が異なっており、その日、火曜日は自分の特に信じる猿の神様「ハヌマーン」の日なので、敬意を表して肉類を口にしないとのことでした。さすがに曜日による禁忌までは知りませんでした。

ベジタリアンについても正確な情報が必要です。ベジタリアンと言っても、肉・魚のみならず、卵や乳製品を含め一切の動物性食品を口にしない完全菜食主義者であるヴィーガンから、肉と魚が駄目な一般的なベジタリアン、さらには、肉は避けるが魚は食べるという自称緩いベジタリアンまでさまざまです。カタールでドーハ銀行のインド人CEO夫妻を招待した時、彼らがヴィーガンであることが分かり、先方と人選を調整してゲスト全員がヴィーガンというディナーにしました。精進料理も参考に、鰹節《かつおぶし》など動物性食品は用いずにフルコースを準備し、ゲストに喜んでもらうことができました。マグロの赤身そっくりの赤パプリカの寿司《すし》が大受けでした。なお、南部美人は、二〇一九年に日本酒として初めて「ヴィーガン国際認証」を取得しています。

醤油にも注意がいります。醤油には製造時に発生する自然発酵アルコールが数パーセント含まれているからです。マレーシア政府イスラム法（ファトワ）委員会は、製造時の自然発酵アルコールは不浄ではないとしていますが、他のイスラムの国で通用するとは限りません。最近では、製造過程でアルコールを生成しないイスラム教で合法と認められるハラール醤油も作られています。

また、本みりんは、十数パーセントのアルコールを含み、酒税法上は混成酒に分類されています。アルコールが駄目なゲストにはみりん風調味料を使用しなければなりません。

最近、特に増えていると感じたのがアレルギー症です。甲殻類やグルテンのアレルギーが多く、一二人の会食でアレルギー症のゲストがいないのは、七、八回に一回程度と稀《まれ》でした。中には、海でも川でも水から出たあらゆるものを受け付けないというゲストもいて、半信半疑で症状を問うと、水から出たものが含まれていると、加工して分からない形になっていても必ず皮膚に異常が現れるとのことでした。グルテン・アレルギーの方は小麦が駄目なので、天ぷらに代えて別の料理を用意していました。小麦を使わないハラール醬油はグルテンフリーなので助かりました。

アレルギーではないが、本人の嗜好で食べられないものについても承知しておかねばなりません。お寿司は海外でも大人気ですが、食べ慣れていない生ものを敬遠する方もいますので要注意です。また、ある国の大使は肉を食べませんが、一方で夫人は魚を食べないということで、夫妻で招待した際のメニュー作りには苦労しました。

海外での和食メニューの組み立て

コースで出すメニューは会席料理を基本とし、外国人ゲストを念頭に少し変更を加えました。まず、コースには必ずお寿司を含めるようにしました。寿司の人気は世界的に高まっており、海外でも和食というと寿司を思い起こす人が多いのです。しかし、会席料理では前菜で少量の手鞠寿司などが出されることはあっても、外国の方が寿司として満足するような形では出てきません。パリで「日本のユネスコ大使に招かれた会食で寿司が食べられなかった」ではゲストは満足しないでしょう。そこで、前菜、汁物に次いで握り寿司を出すことにしました。これにより、締めの食事は省くこととしました。海外ではご飯だけを食べる習慣がなく、食事の最後にご飯、味噌汁《みそしる》、香の物が出されて戸惑うゲストもいたからです。

和食に慣れていないゲストには、食べ方や作法をきちんと説明する必要があります。天ぷらの天つゆをそのまま飲んだり、天つゆ用の大根おろしをそのまま食べたりするゲストもいました。いずれも実害はありませんが、お刺身の器のわさびを丸ごと口にして大変なことになったゲストの話は有名です。

西洋料理や中華料理と異なり、和食では食器を手で持ち上げて食べたり、お椀《わん》から直接汁物を飲んだりしてもいいことも説明します。箸を使えないゲストにはナイフとフォークも用意しておきますが、塗り物の椀にナイフとフォークを突っ込んで具材を切ろうとしたゲストには面食らってしまいました。日本で外国のゲストを招いての会食では、食べ方の説明を忘れがちですので、お気をつけください。

第五章　日本酒外交の展開

外交と会食の説明が長くなりましたが、ここからは私が力を入れた日本酒外交の話です。

1　個人の日本酒外交から政府の日本酒外交に

饗宴外交における日本酒の扱い

日本酒は、外交においてこれまで乾杯に用いられることはあっても、会食やレセプションの主役の酒ではありませんでした。その理由は、饗宴外交の頂点の宮中晩餐会や午餐会で供される料理が伝統的にフランス料理のフルコースだったからです。明治の開国後に外交儀礼を学んだ時に、英国経由でフランス料理が入ってきたのです。それが現在でも続いている理由は、私が九〇年代に聞いた説明では、「世界にはさまざまな国があり、食に関する文化や習慣もさまざまなので、多くの人に受け入れられるよう、外交の世界で伝統的に受け入れられてきたフランス料理をお出ししている」ということでした。フランス料理にはワインを合わせるので、日本酒の出番はなかったのです。

一九七九年の最初のG7東京サミットでは、一都三県の酒蔵が参加する銘酒開発協同組合が開発した「吟醸辛口」が乾杯酒として、また、「純米やわくち」が食中酒として用いられました。次の一九八六年の東京サミットでも、銘酒開発協同組合が低濃度酒として開発した「吟の舞」が提供されました。三〇以上の蔵が製造したので、サミットで実際に使われたのはどこの蔵の酒かが話題になったそうです。二〇〇八年の北海道洞爺湖《とうやこ》サミットの福田総理夫妻主催社交ディナーでは、輪島塗の杯に注がれた静岡の磯自慢《いそじまん》で乾杯が行われました。そして、二〇一六年の伊勢志摩サミットでは、さまざまな場面で供された日本酒のリストが外務省から公表されており、地元の三重県をはじめ六県三七蔵の四〇銘柄四八点が挙げられています。

実は外務省内では「最初の乾杯は日本酒で」との申し伝えがありました。これは、一九八〇年に大平総理が「日本酒は国酒。特に外国の方をもてなす時は日本酒がいい」との発言をされたことによるものでしょう。前年の総理訪中の際の晩餐会で、中国側がマオタイ酒の乾杯で歓迎してくれたことを踏まえたもののようです。もっとも、長い間、乾杯に相応《ふさわ》しい日本酒を海外で入手することは困難でした。

日本酒の推進に努める

私は九〇年代はじめから日本酒の発信を始めましたが、外務省内で日本酒はほとんど関心を持たれておらず、なかなかその意義を理解してもらえませんでした。外務省には大変なワイン通が少なからずおり、尊敬の眼で見られていたのとは大違いです。ある先輩からは、あまり日本酒にのめり込みすぎないようにと忠告まで受ける始末でした。もっとも、この先輩は、後に外務省が日本酒に力を入れるようになってから、「日本酒がここまで評価されるとは当時は全く思っていなかった。先見の明がなく、すまなかった」と笑いながら言ってくれました。

そんな中、一九九八年に柳井《やない》俊二外務事務次官から、外務大臣のゲストハウスである飯倉公館に日本酒を揃えるようにとの特命を受け、ようやくチャンスが来たと小躍りしました。大型リーチイン冷蔵庫を設置してもらい、入手しやすい酒として、久保田・萬壽《まんじゅ》、諏訪泉・鵬《おおとり》、山桜桃《ゆすら》・純米吟醸、三千盛・超辛口、銀嶺《ぎんれい》立山・本醸造など、入手は難しいが是非揃えたい酒として、十四代・各種、清泉・亀の尾など、バラエティをつける酒として、刈穂・活性純米酒、岩の井・十五年古酒、達磨《だるま》正宗・十年古酒、月の桂・にごり酒など、カテゴリーごとに適当な種類を揃えました。飯倉公館での会食の予定は、日時、参加者数も含め事前に分かるので、レストランのように特定の酒を常に揃えておく必要はなく、また、毎回同じ酒を出す必要もありませんので、あえて入手困難な酒も含めた次第です。実際に日本酒が振る舞われるレセプションに出て様子を見ましたが、外務省でそれまで出されたことのなかった銘酒は大好評でした。

一九九八年には日本酒輸出協会顧問にも就任しました。同協会は、一九九七年に一八の蔵元により海外での日本酒普及を目的として設立され、その後、会員蔵も増えています。酒ジャーナリスト・コンサルタントとして日本酒を世界に広め、日本酒界のマエストロと

「酒サムライ」叙任式

呼ばれる松崎晴雄さんが会長、日本酒伝道師として日米両国で活躍されるジョン・ゴントナーさんが理事を務めています。一九九七年からニューヨークの日本協会で日本酒利き酒会を開催しており、二〇一七年の二〇周年記念会合には、私もカナダから駆け付けました。

二〇〇八年には「酒サムライ」の称号をいただきました。ワインには騎士号があり、日本酒にはサムライです。酒サムライは、約九〇〇社の若手蔵元から成る日本酒造青年協議会が二〇〇五年に立ち上げた事業です。当時の会長であった浦霞の佐浦酒造社長の佐浦弘一さんのリーダーシップによるところが大きいと聞いています。同事業は、日本酒の素晴らしさと日本酒文化を広く世界に伝えることを目的とし、日本酒の内外への普及に貢献した者を毎年、酒サムライに叙任しています。二〇二二年一〇月までの叙任者は九七名（日本人五四名、外国人四三名）を数えます。

この称号は、日本酒外交を推進する上での力強い後押しとなりました。酒サムライを名乗ると、皆が強い関心を示してくれます。侍は忍者と並んで海外で高い人気があるのです。酒は日本の文化でソフトパワーであり、サムライはハードパワーそのものです。したがって、酒サムライは定義上スマートパワーと言うことができます。海外では、「私はスマートパワーの酒サムライです」と宣伝していました。

外務省が日本酒に力を入れ始める

二〇一一年になると、外務省が良質の日本酒を全世界の大使館や総領事館の希望を受けて調達・送付する制度ができました。日本酒の選定方法について担当課から相談を受け、世界最大で最も権威のあるワインコンクールの一つで、ロンドンで開催されるインターナショナル・ワイン・チャレンジ（ＩＷＣ）の日本酒部門の受賞酒ではどうかと提案しました。日本酒造青年協議会の尽力により二〇〇七年に日本酒部門が設けられていたのです。海外に進出する意欲を有する酒蔵が参加し、外国人も審査員を務めるコンクールの受賞酒は、外国の要人を対象とする大使館主催の会食やレセプション用として最適と考えて提案したものです。

外務省による調達では、蔵元のご厚意により入手しにくい人気のある酒もリストに含まれています。また、必要な場合には航空便を利用するので、品質を維持したまま迅速な調達が可能です。現在では、ＩＷＣに加え他の権威ある海外での日本酒コンクールや全国新酒鑑評会の受賞酒も調達対象とされています。なお、外務省は、日本産酒類としてワイン、本格焼酎やウィスキーも同様に大使館に送付しています。大使館による日本酒の提供が飛躍的に伸びたのは、この制度のおかげです。

二〇一一年から在外赴任前の外交官に対する日本酒研修も始まりました。私も用務帰国した際に参加し、大使公邸での日本酒の提供の状況を説明しました。大使から一般職員まで多くの赴任予定者が熱心に参加しているのを見て頼もしく思いました。二〇一二年に日本酒・焼酎の国家戦略としての国酒プロジェクトが立ち上げられたことも、その後の日本酒外交の追い風となりました。

二〇二〇年の外交青書には、「日本酒は外交活動の武器」と題する特集コラムに一ページが割かれています。画期的なことであり、ようやくここまで来たかと感激しました。

以上の、酒サムライの立ち上げ、IWCでの日本酒部門の設置、外務省の赴任前日本酒研修のいずれにおいても重要な役割を果たされたのが、株式会社コーポ・サチ社長の平出《ひらいで》淑恵《としえ》さんです。日本航空勤務時にワインから始めて日本酒に関心を持たれ、その後、会社を興されました。年中内外を飛び回って日本酒や最近では焼酎の普及のために各種のイニシアティブをとられています。多くの蔵元さんから信頼されており、私も酒サムライ叙任やさまざまな場面で大変お世話になっています。

2　日本酒外交の実際

海外での良質の日本酒の入手に苦労

日本酒外交の大前提である良質の日本酒の入手は、海外では容易ではありません。九〇年代はじめにベルギーで日本酒が底をついて困っていた時に、日本酒専門の酒販店がパリに開いたとの朗報が届き、早速車を飛ばして、その「カーブ・フジ」に亀井勝俊社長を訪ねました。酒類・食品類卸しの株式会社岡永が主宰する日本名門酒会の酒が揃っています。せっかく往復六〇〇キロも運転するのだからと、日本で飲んでいたお酒よりはるかに良いものばかり購入していました。

パリやロンドンには日本酒も販売する店がいくつかあり、限られた種類ですが会食に使える日本酒を扱っていました。もっとも、海外での日本酒の価格は日本の市販価格の三倍以上でした。近年、日本の市販価格との差はさらに広がっているようです。

カタールへ取り寄せた日本酒

イスラム圏のカタールでは入手できる日本酒が極めて限られており、また、外務省が良質の日本酒を購入して送ってくれる制度もまだありませんでした。そこで二〇一〇年のドーハ着任直後に、自力での調達を決めました。選んだのは一升瓶で一四本、北から南部美人、浦霞、満《ま》寿泉《すいずみ》、天狗舞、梵、郷乃誉、櫻正宗《さくらまさむね》の七銘柄の吟醸酒二種類ずつです。いずれの蔵の当主も海外進出に熱心で、私も大変お世話になっています。

カタールは、外交官にも酒類の持ち込みを認めていないので、大使館による輸入の形になります。輸送方法についてあちこちに相談し、カタール航空の定期便のパイロット預かりの形になりました。心配だった到着後引き取りまでの冷蔵保存は大丈夫でしたが、お酒の価格約八万円に対し輸送費などがなんと三〇万円を超えてしまいました。自腹で支払いましたが、予想を超える額であり、この形での調達を継続するのは無理だと分かりました。それでも、銘酒を天皇誕生日レセプションや会食で提供したらお酒を飲めるゲストの間で評判となり、日本でも話題として取り上げられました。苦労の甲斐《かい》があったと嬉しく思いました。それからわずか一年後に外務省による日本酒の送付制度ができたのは、何よりもありがたいことでした。この制度は、フランスとカナダでもフルに活用しました。

日本酒外交デビュー

海外での日本酒外交デビューの舞台は、一九九一年に赴任したベルギーです。自宅でのディナーで初めて日本酒を提供したのです。当時、いい日本酒を飲ませようと思ったら、自宅に招待するしかありませんでした。あん肝缶や塩ウニなど日本から持参した和の食材と現地の食材で和風の前菜を工夫し、刺身は、和食店「侍」に大皿を持ち込んで盛り付けてもらいました。郷乃誉・純米大吟醸を注ぐに先立って、ゲストの前で上等のシャブリの栓も抜いてみせます。日本酒がお口に合わなければワインをどうぞと伝えるためです。このワインよりも格上だぞとの気持ちも込めています。結果は、毎回、ゲストは日本酒ばかり口にし、開栓した白ワインは私一人が飲む羽目になりましたが、本物の日本酒の味を気に入ってもらえて大満足でした。外国の方は、日本酒に対する何らの先入観も偏見も有しておらず、自分の舌で味を判断し、旨いものを見分けます。本物の日本酒は世界に通用すると確信しました。

その後も、各任地で自宅での会食を主催しました。ホステスでありながら料理人も兼ねる妻は、席を外す時間を極力短くしようといつも大変でした。ホストの私はお酒と給仕担当です。現地調達できる和の食材が乏しい中で前菜と刺身までは何とか和風料理を出せましたが、メイン料理は子羊のソテーや鶏のワイン煮込みなどの洋風料理でした。和風料理に一、二種類の日本酒を合わせ、メイン料理に移る時点で赤ワインに切り替えていました。入手できる日本酒のバラエティが少なかったこともありますが、何よりも日本酒が和洋を問わず肉料理とも相性が良いことに私自身気付いていなかったのです。

仕事上の会食はランチが多いので現地のレストランを活用しましたが、時にはディナーで居酒屋を利用することもありました。ブリュッセルのIZAKAYA、ロンドンの菊池などにはお世話になりました。日本の居酒屋と似た雰囲気、珍しい日本酒、それに合う多くの種類の料理に外国のゲストは喜んでくれました。ロンドンで飲んだ「越の一」は新潟の酒と思っていましたが、ベトナム産で「えつのはじめ」と読むと分かり、命名の妙に感心しました。

大使として会食を主催

大使になると会食を主催する機会が格段に増えます。任国政府の閣僚、各省庁幹部、国会議員、ビジネスマン、学識経験者、報道関係者、文化芸術関係者、外国大使などカウンターパートが一挙に増えるのです。邦人企業関係者や日本からの来訪者を迎えることもあります。日本の来訪者に合わせて任国の役人や有識者を招待し、限られた滞在時間の中で多くの人と意見交換できるようにすることもしばしばでした。

幸いなことに公邸があり、和食の料理人がいます。和食のフルコースでゲストを迎えることができるのです。外務省が日本酒を送ってくれるようになり、調達できる日本酒の種類は飛躍的に増加しました。そこで、和食のコース料理のそれぞれの品に合わせて異なる日本酒を出すようにしました。魚料理や肉料理に日本酒とともにワインも出して、料理との相性を比較してもらうこともありました。

印象に残る会食があります。二〇一五年一〇月のカナダの総選挙の直前に、カナダビジネス協議会のマンリー会長はじめ幹部を夫妻で招待したディナーです。食卓では宗教と政治の話題は避けよと言われますが、外交において政治の話を外すことはできません。私から部外者の見たカナダ政治の印象を話していたら、かつて副首相、外相、産業相などを歴任したマンリー会長から一週間後に迫った選挙の結果予想を一人一人述べていこうという提案があり、カナダの主要企業のトップの見通しを聞くという願ってもない機会が訪れました。大多数が野党自由党の僅差での勝利を予測し、貴重な情報を得ることができました。なお、選挙結果は自由党の圧勝で、四三歳のトルドー首相が誕生することになりました。

和食と日本酒の普及のための会食

特に和食と日本酒の普及に焦点を当てて関係者を招待することもありました。三件ほど紹介します。

二〇一四年九月、初代「ミス日本酒」の森田真衣さんにユネスコ本部にお越しいただきました。ミス日本酒は、日本の伝統文化である日本酒の魅力を世界に向けて発信するため、一般社団法人ミス日本酒が、外務省、農水省、国税庁、観光庁、日本酒造組合中央会などの後援を得て設けたものです。この機会に、愛葉宣明ミス日本酒代表理事と、フランス国民議会の日本酒友の議員協会発起人のカンタン議員、フランス人酒サムライのシルヴァン・ユエさん他、フランスの日本酒愛好家を公邸でのディナーに招きました。この日は、十四代・七垂《しちたれ》二十貫や飛騨の華・酔翁など個人所蔵のものを含め六種類の日本酒でお迎えしました。

二〇一五年二月末、ユネスコ大使公邸で「和食の夕べ」を主催しました。ミシュランの

ユネスコ公邸での和食の夕べと、供された日本酒

一つ星を獲得している福岡県朝倉市の料理店「うつわ料理　さ乃」の佐野純子さんとお近づきになり、佐野さんの料理と日本酒のペアリングを是非フランス人に味わってもらいたいとご協力をお願いしたのです。

初日はユネスコ事務局幹部や各国大使、二日目はフランスの芸術家や食文化関係者をゲ

2015年2月27日ディナー

ユネスコ日本政府代表部大使公邸

メニュー

先付け　里芋のテリーヌ　黒豆と針生姜添え
柚子寿司、はじかみの松葉刺し

前菜　雛寿司、菱卵、イクラ大根和え
子持ち昆布菜わさび和え、黒豆
干し柿の梅麩巻き、ちしゃとうの味噌漬け

吸い物　菱餅ゴマ豆腐、ウド扇、うぐいす菜、木の芽

向付け　鰆の昆布・白髪ネギ和え　シブレット・花穂紫蘇添え
本山葵、すだち

魚類　黒鯛・エビ・エリンギの塩釜　柚子

揚げ物　梅干しの栗射込み
じゃがいもとチーズのふきのとう包み
筍と貝柱の桜葉挟み
ネギ
フェンネル

肉類　牛肉とナスの竹筒焼　柚子みそ味
大根とカラスミのサラダ添え

水菓子　ユリ根椿
黒ゴマ汁粉

料理人　佐野純子　うつわ料理　さ乃

日本酒

月の桂　稼ぎ頭　純米
八海山　発泡にごり酒
福小町　大吟醸
十四代　中取り　大吟醸
出羽桜　出羽の里　純米酒
出羽桜　雪漫々　大吟醸
喜多屋　大吟醸　極醸
惣誉　生酛仕込み　純米大吟醸
大七　純米生酛
山吹　ゴールド　古酒　十年貯蔵
近江路　純米　貴醸酒　1978

ストに迎えました。料理は、お店本来の一一品を八品にまとめたコースで、日本からご持参の個性的な器に美しく盛り付けられています。時節柄、雛祭《ひなまつ》りをテーマにし、雛人形、菱餅《ひしもち》や扇子のモチーフの料理も登場しました。ラウンジに内裏雛を飾り、食前酒の時に説明していたので、すぐに理解してもらえました。一品一品の繊細な味わいとそれぞれの品に合わせた発泡にごり酒から古酒まで一揃えの日本酒を味わっていただくことができました。この時のメニューと

2015年10月22・23日
和食の夕べ「小さな秋みつけた」

食前酒：シャンパン Lanson Brut
白ワイン Macon-Lugny, Saint-Pierre, 2012
赤ワイン Bourgogne 2008
(日本酒は料理に合わせて提供)

前菜：鴨胸肉の山椒焼き /柑橘釜 / 南瓜擦り流し /
菊花と菊菜と茸のお浸し / 唐墨大根 /
スモークサーモン求肥巻き / わかさぎ蛇籠蓮根
日本酒：夜明け前・純米大吟醸

温物：カナダ産松茸土瓶蒸し
日本酒：大信州・辛口特別純米酒

お凌ぎ：手毬寿司 / 湯葉寿司 / 焼き鯖寿司
日本酒：本洲一・吟醸酒

焼き物：真魚鰹西京焼き
日本酒：磯自慢・特別純米・雄町

肉料理：アンガス牛フィレステーキ 和風クレソン山葵ソース
日本酒：福千歳・圓・山廃特別純米(ぬる燗) /
東光・秘蔵古酒・生酛本醸造原酒

甘味：安納芋と金時芋の抹茶モンブラン
日本酒：華鳩・貴醸酒・8年貯蔵

お酒は一六〇―一六一頁のとおりです。日本酒は個人所有のものも含んでいます。
二〇一五年一〇月、文化庁が派遣する文化交流使の柳原尚之《なおゆき》さんをカナダの公邸に迎え、藤井公邸料理人とのコラボレーションによる和食の夕べ「小さな秋みつけた」を開催しました。元首名代であるカナダ総督の公邸専属シェフ、オタワの著名なシェフ、世界的なソムリエ、フードライターなど食の専門家を招き、柳原さんによる和食に関する講義に引き続き、六コースの本格的和食と各々の料理に合わせて選んだ七種類の日本酒を供しました。二日目は柳原さんにも席について意見交換に加わってもらいました。ゲストからは、食事の味の良さに加え、五感を刺激する季節感溢れる盛り付け、多彩な日本酒とそれらの異なる料理との相性に大変満足したという声が多く聞かれました。メニューとお酒は一六二頁のとおりです。

料理と日本酒のペアリングの実例からのヒント

ここで実際の会食のペアリングについて触れます。前述のメニューもご参照ください。

出したお酒に本醸造酒が含まれていないのは、海外での限られた在庫のためです。本醸造

カナダ公邸での和食の夕べの酒類

酒は、軽めの味の料理によく合いますが、濃い味の魚や肉料理、チーズなどを除く幅広い料理にも合わせやすい非常に使い勝手の良いお酒です。

食前酒には華やかな香りの吟醸酒や発泡酒を出しました。日本酒を和食とともに出したい場合はシャンパンを用いました。食事に入ると、多くのゲストは和食に馴染みがないので、ごく簡単に料理とお酒の説明をします。軽めの味の前菜には、吟醸酒を合わせました。旨味が詰まっている椀物には辛口の純米です。そして、お寿司には、香りのそれほど高くない吟醸や純米にしました。

揚げ物には、軽めの吟醸酒や発泡酒が脂っこさを洗い流すので合うと言われています。個人的には純米酒が好みで、特に、山廃や生酛など酸味を有する純米酒が合うと思います。純米酒の燗酒もいいでしょう。

魚料理には、料理法やソースにもよりますが、吟醸でも落ち着いたものや純米を合わせました。肉料理には、山廃や生酛を含む酸味がありしっかりした味の純米酒や熟成古酒が合いますが、同時に赤ワインも出して両者を比較してもらうこともしていました。

チーズと日本酒の相性も抜群です。チーズは千差万別で、ものによっては吟醸酒や発泡酒が合うとの評価もあります。個人的には、山廃や生酛の純米酒がかなりのチーズに合うように思えました。強い味のチーズと熟成古酒の相性も抜群です。肉料理同様、チーズでも是非日本酒とワインとを飲み比べてください。

ワインは、料理を食べた後に飲むことで料理の余韻とともに味わえ、そして口を洗い流してくれます。日本酒の場合は、口中で日本酒と料理が渾然《こんぜん》一体となる時の味を楽しむ飲み方が多いようです。口中調味と言い、ご飯とおかずを一緒に食べる日本人には自然な食べ方ですが、実は外国人は慣れておらず、苦手な人が多いとのことです。説明してチーズなどで試してもらい、美味しさを実感してもらっていました。

デザートには、デザートワインのような甘口の日本酒も喜ばれます。貴醸酒は、仕込みの最後の段階で水の代わりに酒を用いて醸すもので非常に甘口です。バニラアイスクリームにかけても美味しくいただけます。甘口の熟成古酒もデザートに合わせることが可能です。フルーツの場合は、吟醸酒も合いますが、若くて軽めの貴醸酒との組み合わせに驚かされました。

燗酒には、純米酒が向いています。燗酒向きに造られた日本酒の中には温度指定のあるものもあります。会食では、公邸スタッフに四〇℃や四五℃と温度を指定していました。同じ酒を冷やと燗酒で飲み比べても新たな発見がありました。なお、温度は温度計を入れて測ります。

酒器にはお猪口、ぐい呑《の》み、杯などさまざまなものがあり、最近では日本酒用のグラスも商品化されています。酒器の形状や素材により酒の味が変わってきますので、異なった器で試してみてください。香りを楽しむならワイングラスです。何種類もの酒を出す場合には、飲み残しの杯が増えないよう適当量を注ぎましょう。気に入ればリピートしてくれます。出す日本酒の数に合わせて何個もテーブルに並べるには小ぶりの杯や清酒グラスの方が楽です。たくさん並べられない場合や数が足りない場合は二、三個にし、空になった杯に水を注いで飲み干してもらってから次のお酒を注いでください。杯をすぐとともに水を飲むことができます。日本酒を飲む時は水も飲むように勧めています。和らぎ水とも呼ばれ、酔いを防いでくれます。原料の八割が水の日本酒は水によく馴染みます。

レセプションでの日本酒の活用

大使館が開催する多くのレセプションでも日本酒を提供しました。また、特に日本酒に焦点を当てた利き酒会やセミナーも数多く開催しました。

具体例をご紹介する前に、まずレセプションでのお酒の提供について触れておきます。

レセプションでは、ビュッフェやフィンガーフードで種々の料理が出されるので、料理に合わせることはあまり考えずに、異なった種類の日本酒を味わってもらい、日本酒の幅広さに触れてもらうことに主眼を置きました。お酒だけ飲むゲストも多いので、吟醸酒を主体にしつつ純米酒も並べると、違いが分かると興味を持ってくれます。カテゴリーごとに数種類出すと皆さん結構比較してくれます。発泡酒と古酒も好評なので入手できれば是非出してください。もちろん、白赤のワインや、場合により蒸留酒も用意します。日本酒ごとに、名称、産地、タイプ、精米歩合、アルコール度、酒米などを分かる範囲内で記載した説明の紙を置いておくと便利です。産地を日本地図上で示すと、そこを訪ねたことのある訪日経験者が大いに関心を示してくれました。

さまざまなレセプション

まず、天皇誕生日レセプションをご紹介します。カナダでの二〇一五年のレセプションは少し前倒しして一一月三〇日の開催でした。冬は公邸の庭が使えないので、会場はホテルの宴会場です。大使館内の各班が提案するゲストの人数を絞り込むための調整は時間をかけて行います。政府、議会、経済界、報道界、各国大使館などから五八〇名が出席しました。

会場には、日本政府観光局、日本航空、全日空、北海道の四ブースに加え、農林水産省の日本産新米ブース、伊藤園の日本茶ブース、さらに、二〇一六年G7サミット諸会合の会場となる三重県・広島県・仙台市・神戸市によるサミットブースと、計七つのブースを設置して日本の魅力を宣伝しました。

開場時から洋酒類が提供され、ゲストが集まると大使挨拶と日本酒での乾杯の後、料理

（上）カナダでの天皇誕生日レセプション。ディオン外相（左）らと
（下）賑わう日本酒ブース

と日本酒が振る舞われます。藤井公邸料理人と応援の寿司職人の二名が厨房《ちゅうぼう》で、マグロ、サーモン、カンパチ、鰻《うなぎ》で計三〇〇〇貫の寿司を握ります。公邸料理人は、海老《えび》の天ぷらの調理も監督しました。ホテルにはミートボール、フライドチキンなども注文しましたが、多くのゲストは寿司と天ぷらに集中していました。

日本酒ブースでは、関連の自治体や蔵元の協力も得て一四種類の日本酒を振る舞い、列が途切れることがありませんでした。銘柄紹介の大型パネルを用意し、大使館員がサーブと説明に当たりました。私も多くの参加者と杯を傾け、さまざまな質問に答えて日本酒の理解促進に努めました。提供された日本酒は次のとおりです。

（北海道）男山・特別純米、（宮城県）蒼天伝《そうてんでん》・特別純米酒、（石川県）天狗舞・純米大吟醸50、（三重県）而今《じこん》・大吟醸、るみ子の酒・純米吟醸、瀧自慢《たきじまん》・純米大吟醸、（和歌山県）紀土《きっど》・純米大吟醸、（広島県）酔心・究極の大吟醸、白鴻《はくこう》・四段仕込み純米赤ラベル、宮島絵巻・吟醸、龍勢・純米大吟醸生酛仕込み、八幡川《やはたがわ》・大吟醸、華鳩《はなはと》・貴醸酒八年貯蔵、（福岡県）蒼田《そうでん》・本醸造。

翌二〇一六年のレセプションにはディオン外相が主賓として参加されたので、乾杯前に

カタールでの天皇誕生日レセプション

連邦議会上下両院のカナダ日本議員グループ共同議長とともに鏡開きを行いました。

カタールでの天皇誕生日レセプションは毎年一二月初旬に公邸の庭で行いました。湾岸諸国は一年中暑いと思われていますが、一二月から三月までは実に快適な気候なのです。参加者は約三〇〇名。天野公邸料理人があらかじめ種々の料理を作り、当日は全体の監督に当たります。アラブ料理やデザートはケータリングで注文します。屋内のビュッフェのテーブルとは別に、庭に寿司、焼き鳥、天ぷらの三つの屋台を設け、応援の寿司職人と長年の勤務で調理に習熟した二人の公邸スタッフが担当します。

禁酒のイスラム圏では乾杯がなく、カタールでは日カタール両国の国旗を描いたケーキを大使と主賓がナイフで切るのですが、二つの国旗を切り分けていいのか悩むとともに、どう見ても結婚式のケーキカットにしか見えないのを可笑《おか》しく思いました。酒コーナーとは別に設けた日本酒コーナーには日本から取り寄せた銘酒を並べました。イスラム圏では普段いい日本酒が飲めないだけに、現地邦人企業のゲストが最初から眼を付け、何名かはずっとそこに張り付いたままという人気ぶりでした。

各国のナショナルデー・レセプションでの食と酒も楽しみでした。カナダの例を挙げます。米国大使館は七月に独立記念日レセプションを開催し、毎年三〇〇〇人以上と大変な数のゲストを招待します。広大な敷地に食べ物と飲み物の多くのテントが張られます。ハンバーガー、ビール、ワイン、アイスクリームなど協賛する民間企業とのタイアップです。数十台のクラシックカーが展示された年もありました。

フランス大使館も七月に革命記念日レセプションを行います。公邸・事務所の敷地の庭に大型テントが張られ、さすがフランスと思わせるビュッフェにしては少し凝った料理とフランスワインが供されます。

他にもお目当ては多く、ベルギーのベルギービールとフリット、アイルランドのギネスビール、英国のシングルモルト、スペインのパエリヤや生ハムとスペインワイン、イタリアのピザやパスタとイタリアワイン、韓国のキムチとプルコギなどです。各国が自慢の料理と酒を供するのです。

大使の着任・離任時にも大型レセプションが開催されます。二〇一五年六月のカナダ着任のレセプションには四七〇名のゲストが訪れ、カナダで最初の日本酒紹介の機会となりました。揃えた日本酒は、出羽桜、蓬莱泉《ほうらいせん》、聚楽第《じゅらくだい》、越乃《こしの》雪月花、天狗舞、久保田、蒼天伝、五凛《ごりん》、真澄の九銘柄です。日本酒ブースには、館員の手作りになる「SAKE　もんじゃ　MONJIYA」と記されたのれん形の看板が掲げられました。この看板はその後も頻繁に活躍し、嬉しく思いました。

ユネスコでは、日本政府代表部主催の日本の夕べレセプションや、各国が自国料理を持ち寄るアジア太平洋グループ諸国共催レセプション、ユネスコ邦人職員対象の新年賀詞交換会などがあります。フランスでの天皇誕生日レセプションは、在フランス日本大使館が主催しますので、日本代表部では行いません。カナダでは、在留邦人を招待しての新年祝賀会、日カナダ科学技術協定締結三〇周年の科学技術合同委員会会合、外国人叙勲・勲章伝達式、日カナダ青年交流プログラム参加者壮行・帰国歓迎会、全カナダ日系人協会年次総会、野球の四国アイランドリーグ選抜チームのオタワ遠征などさまざまなイベントの機会に多くのレセプションを開催し、多彩な日本酒を提供しました。

レセプションではビュッフェ形式で料理を提供します。カナダ時代のメニューの一例は次のとおりです。隠元の胡麻和《ごまあ》え、アスパラサラダ、玉子焼き、和風鶏の唐揚げ、海老の天ぷら、カナダアンガス牛のローストビーフ、サーモンのメイプル醤油焼き、握り寿司三種（マグロ、サーモン、鰻）、裏巻き寿司、いなり寿司、カットフルーツ。

日系人や邦人が多い時は、カレーライス、筑前煮《ちくぜんに》、おでんを入れるなど、状況によりメニューを工夫していました。

日本酒に特化した講演、セミナー、利き酒会などのイベント

各国でさまざまな日本酒関連イベントに参加したり、自ら企画・主催したりしました。まず、日本酒の品揃えの方針に触れます。日本酒のイベントでは通常のレセプション以上に、日本酒の多様性とさまざまな味わいを知ってもらうことを目的としました。当初は、生酛・山廃を含む純米酒と精米歩合の異なる吟醸酒が主でした。さまざまな日本酒の入手が可能になると発泡酒、熟成古酒、貴醸酒なども含めました。海外という制約の中で、カテゴリー、精米歩合、酒米、造りなどの違いを代表するような品揃えに努めました。例えば、獺祭の精米歩合二三パーセント、三九パーセントと五〇パーセント、辯天《べんてん》のともに四八パーセントの雄町と夢錦、瓶詰め前に白ワインのモンラッシェの樽で寝かせた満寿泉などです。また、燗酒を出すこともありました。

次につまみですが、片手にお酒のグラスか杯を持つので、通常のビュッフェのようにお皿とナイフ・フォークや箸ではなく、手でつまむか爪楊枝《つまようじ》で食べられるようなものを用意すると楽です。グラスやお皿を置くためのバーテーブルをたくさん用意する必要もなくなります。以下、印象に残るイベントをご紹介します。

二〇〇〇年、在英国大使館公使の時に、日英協会主催で講演と試飲から成る初めての大きな日本酒セミナーを行いました。慣れないことも多く苦労しましたが、多くの方の協力と支援により実現に漕ぎ着けました。日本酒はロンドンで三種類を調達し、価格がより安いパリのカーブ・フジに七種類を注文しました。亀井社長が自ら多くの瓶を運んで来てくださり、大変助かりました。つまみは、スモークトサーモン、鱈子《たらこ》の燻製、ブリチーズ、胡瓜の浅漬けなどです。会場のキッチンで浅漬け作りからつまみの切り分け、盛り付けまで自分で準備しました。

講演は順調に進みましたが、質疑応答で問題が生じました。四つ目の質問が強い訛《なま》りで一言も聞き取れないのです。本当に英語だろうかと一瞬疑ったくらいです。質問を繰り返してもらっても無駄なことは明白でした。まだ聞かれていない質問のはずだから酒の飲み方ではないかと見当を付け、燗酒のことも含め適当に答えたら、追加の質問もなく終わったのでほっとしました。試飲に移ったら知り合いの英国人が純米大吟醸酒の杯を掲げて上機嫌でやって来て、「素晴らしい日本酒をありがとう。ところで、あの最後の質問をお前

は、多くの国からの参加者が得られるというメリットがあります。この会は、フランスでの日本酒普及のパイオニアである和食食材店ワークショップ・イセの黒田利朗さんと前出の宮川圭一郎さんの全面的な協力と支援により実施が可能となったものです。黒田さんは二〇一七年に他界されました。日本酒に関する素晴らしいフランス語の本も出され、日本酒振興へのさらなる貢献が期待されていただけに誠に残念です。

利き酒会の一週間後にユネスコ本部で離任レセプションを開催し、より多くのゲストに銘酒を味わってもらいました。ロマネ・コンティの共同オーナーのオーベール・ド・ヴィレーヌさんがわざわざブルゴーニュから出席してくださり、感激しました。

カナダで二〇一六年と二〇一七年に、日本大使館講堂で日本酒利き酒会を開催しました。招待客は、政府関係者、各国大使と料飲関係者など五〇～七〇名です。

二〇一七年の利き酒会は、さまざまな国際映画祭に出品されたドキュメンタリー映画『カンパイ！世界が恋する日本酒』の上映で幕を開けました。この映画は、岩手の南部美人の五代目蔵元の久慈《くじ》浩介さん、日本酒伝道師のジョン・ゴントナーさん、そして、初の外国人杜氏のフィリップ・ハーパーさんの三人に密着し、日本酒の魅力に迫っています。そして、特別ゲストとして出演者の久慈さんをお迎えしました。東日本大震災後の自粛ムードで日本酒の消費が落ち込む中、東北の酒を飲んでほしいと切実に訴えたのが久慈さんです。出された酒は、南部美人・純米大吟醸と純米吟醸、開運・純米大吟醸、東光・純米に花垣・純米酒。多くのゲストが南部美人の杯を手に久慈さんに話しかけていました。

二〇一七年、カナダ自然博物館は、大使館との協力の下、「自然を味わうシリーズ」の一環として、日本酒の講演・利き酒会を行いました。用意した日本酒は、福小町・純米大吟醸、八海山・発泡にごり酒、北光正宗・純米、若竹鬼ころし・純米吟醸、醸し人九平次・純米大吟醸、天狗舞・山廃純米、オンタリオ・スプリング・ウォーター・サケ・カンパニーの泉・生貯純米の七種類です。

私から日本酒全般について説明した後、カナダ初の酒蔵であるバンクーバーのアーティザン・サケ・メイカーの白木正孝社長、次いで博物館の上級研究分析官から、米作りを含む酒造りについて科学的な視点から解説を行うという新鮮な試みでした。

文化行事に際しての日本酒紹介

二〇一六年、草月流生け花オタワ支部から、九月に日本から福島光加師範を迎えてカナダ歴史博物館で生け花デモンストレーションを行う予定と伺い、大使館との共催を提案しました。大使館としてカナダの要人を招待し、クレティエン元首相夫人やカナダ日本議員グループ共同議長の配偶者に加え、米国はじめ多くの国の大使夫妻、文化芸術関係者他の出席を得ました。また、イベント開始前に大使館主催カクテル・レセプションを開催し、参加者に福祝・純米大吟醸と巻き寿司を楽しんでもらいました。

二〇一六年秋に、カナダにある四カ国の大使館と日本大使館とで三つの文化行事を共催し、その機会にレセプションも行いました。移民の国カナダだけあって、移民とその子孫をはじめそれぞれの国の関係者が多く来場しました。カナダでのこのような第三国間での協力により、普段は日本大使館が接する機会がほとんどない人々との関係を深めることができ、誠に有意義でした。

トルコ大使館とは、二〇一五年の日本トルコ友好一二五周年を記念して両国合同で製作された映画『海難１８９０』の上映会を行い、レセプションで日本酒や巻き寿司、トルコワインやトルコ風の軽食などを提供しました。

ラトビア大使館とは、文化研究のためラトビアに渡った日本人女学生と最高齢のラトビア女性の一人との友情を描いたドキュメンタリー映画『ルッチと宜江《のりえ》』の上映会を二回開催しました。レセプションでは、日本酒や巻き寿司とラトビア産のリキュールであるブラック・バルサムやラトビアの軽食が振る舞われました。

イスラエル、リトアニアの両大使館とは、迫害されたユダヤ人にビザを発給した杉原千《ち》畝《うね》在リトアニア領事に関するイベントで協力しました。日本人俳優・水澤《みさわ》心吾さんによる一人芝居『決断：命のビザ―杉原千畝物語』の公演が一日、その一週間前後に映画『杉原千畝（ペルソナ・ノン・グラタ）』の二回の上映会です。カールトン大学ホロコースト教育・奨学金センターで行われた水澤さんの公演には、日本経由でカナダに移住した杉原ビザの生存者の子女四名が参加されており、杉原領事の勇気ある行動の重みを感じました。映画上映に先立つレセプションでは、日本酒と巻き寿司、リトアニアワイン、ユダヤ教の戒律に従って作られたコーシャ・ワインとコーシャ・ベーグルサンドが供されました。

オタワでお花見会

二〇一七年五月、桜の季節に大使公邸の庭で外交団他をお花見会に招きました。古来、日本人にとって欠かすことのできない春の重要行事であるお花見を体験してもらいたかったことと、オタワでは大使公邸の桜が最も見事に咲くこと、の二つの理由によるものです。大使公邸は、第二次世界大戦後、日本とカナダの外交関係が回復した直後の一九五四年に日本政府が取得し、五六年に日本の桜の木が植えられました。極寒の気候にもかかわらず、手入れが行き届いてほぼ毎年美しい花を咲かせてきました。

実は、オタワでは一九九〇年はじめに桜委員会が組織され、市内に数百本の桜の苗木が植えられましたが、寒さのために今では数カ所に残っているにすぎないそうです。この時は、接ぎ木で増やす桜の台木としてカナダ自生の姫リンゴの木を用いました。公邸にある何本かの木は、当初は桜の花を咲かせていたものの、厳しい気候に強い姫リンゴが次第に桜の木を乗っ取り、とうとう姫リンゴの花が咲くようになってしまいました。

日本ではお花見にはお酒が付き物です。それが可能なのは、日本が公共の場所における飲酒と酩酊に驚くほど寛容な国だからでしょう。例えば、カナダでは、ケベック州を除き、公共の場で開栓したアルコール飲料を保持すること自体が禁止です。米国でも多くの州法がこれを違法としています。この年は、桜が満開の五月上旬に雪が降り、花見酒と雪見酒を同時に楽しむことができました。

ビジネスとしての日本酒の売り込み

カタールでは酒類専売公社に良質の日本酒を置いてもらえるよう働きかけました。酒類の扱いがより自由なドバイの輸入業者にも参考情報を求めました。専売公社から欲しい日本酒のリストを入手するところまで漕ぎ着けましたが、最終的には価格面の問題で上手くいかず残念でした。

カナダでは州による酒類の規制が厳しいことはすでに述べました。酒類の輸入と販売を所掌するオンタリオ州酒類管理公社（LCBO）に対し、二〇一七年五～七月に集中的に日本酒の輸入を働きかけました。

まず、オタワ郊外に新規開店するLCBOの小売店舗のオープニング式典に出向き、ソレアスLCBO社長に挨拶しました。日本大使が来訪すると聞き、入荷する日本酒を通常の三種類から一〇種類に増やしてくれていました。

次に、LCBO東部地域地区マネージャー会合で一時間の日本酒の講義を行い、引き続き関係者一二名を大使公邸でのディナーに招待して日本酒を味わってもらいました。酒類のプロだけあって、技術的な質問を挟みつつ、彼らにとって新しいお酒を楽しんでいたのが伝わってきました。

さらに、トロントのLCBO本社にソレアス社長を訪ね、カナダにおける日本酒普及に対する協力を要請し、前向きの回答を得ました。また、日本酒を充実させた二軒のLCBO小売店舗を訪ねました。両店とも七〇種類を超える日本酒を揃えていましたが、必要な冷蔵保存を行っておらず、その点を含め店長に協力を要請しました。後に冷蔵保存が実現したと聞き、安心しました。

最後に、日本酒ファンのマクラックリン最高裁長官夫妻を公邸の夕食会にお招きする機

カナダ公邸での夕食会と、供された酒類

会にソレアスLCBO社長やワイン関係者も招待し、一二種類の日本酒、二種類の赤ワインでできるだけ多くのペアリングを試していただきました。

二〇二二年一〇月には、外務省の招待でソレアス社長の日本訪問が実現しました。国税庁、日本酒造組合中央会、四つの日本酒蔵などを訪問するとともに、ワイン、ウィスキーなど他の日本産酒類の関係者との会合も設定されました。ちょうど開催中の東京酒フェスティバルで多くの日本酒を試飲してもらうこともできました。私も多くの訪問先に同行し、日本の酒類に対する理解を深めてもらいました。カナダへの輸出の増加につながることを期待しています。

オンタリオ日本酒協会が主催するカナダ最大の日本酒イベント「カンパイ・トロント」には毎年参加しました。最後の二〇一七年は、まず、ジェトロ（日本貿易振興機構）・トロント事務所主催のビジネス・メディア向け日本酒利き酒セミナーに世界各地から集った五人の酒サムライの一人として出席しました。その後、全員でカンパイ・トロントの一般向けイベントにも参加し、蔵元や他の参加者とも意見交換を行いました。日本から六五の蔵元が参加したイベントでは、一一九種類の日本酒が提供され、六〇〇名を超える来場者は、多くの種類の日本酒と地元レストランの酒の肴を楽しんでいました。

二〇一六年、オタワ市内のレストラン「ステーキ&スシ」主催の日本酒利き酒イベントに参加しました。以前、大使館主催の日本酒講習会に参加した同レストランのオーナーが企画したものです。大使館からも協賛として二種類の日本酒を提供しました。イベントに先立ち、レストランのオーナーとシェフ、私の三名は、CBCラジオ・ワン局の人気番組の料理コーナーに出演しました。スタジオに三種類の日本酒とそれに合う三種類の料理を持ち込み、実際に試食、試飲しながらインタビューを受け、日本酒と和食・洋食との相性を宣伝しました。

大使公邸の会食にも招待していたオタワ市内随一のフレンチレストランのオーナー・ソムリエが、二〇一七年に新たにカジュアルなレストランを開店しました。訪ねてみると、メニューにそれぞれの料理に合う酒が記載されており、グラスで注文することが可能です。その中で四品の料理に日本酒が推奨されていました。少しずつでも努力が実を結んでいることが分かり、嬉しくなりました。

少し遡りますが、二〇〇三年、ブリュッセルに本部を置く世界的食品コンクールのモンドセレクションの日本酒審査への協力を依頼されました。ソムリエやバイヤーなどワインのプロの審査員に対して日本酒の試飲を含む説明会を行った後、一緒に審査に参加しました。獺祭の旭酒造との出会いはこの時のものです。

日本国内での日本酒外交

日本勤務の間も、日本酒外交は続きます。

最大の利点は、居酒屋外交ができることです。相手を居酒屋に誘いさえすれば、美味しい肴とそれに合った銘酒を味わってもらえるのです。こんな楽なことはありません。

対価をとって酒を飲ませるという居酒屋の起源は古く、貨幣経済が本格的に成立する紀元前七世紀の古代オリエントに遡るとの説があります。欧州では一六世紀に居酒屋が急増して最盛期に入ります。居酒屋は、コミュニティセンター、娯楽、商取引、祭りや冠婚葬祭の宴会の場、巡礼宿など多くの機能を有していましたが、一九世紀以降は、それぞれの機能がカフェ、レストラン、ホテルなどに分離して棲《す》み分けが進んだそうです。

日本でも古くから居酒屋に該当する場所はありましたが、居酒屋という語は一八世紀に頻繁に史料に登場するようになったそうです。今日、日本の居酒屋は世界でも独自の存在であると思います。レストランは食事をとる所で、合わせて酒を飲むこともできますが、あくまで料理が主です。バーはもっぱら酒を飲む所で、食べ物は従です。海外の居酒屋、すなわちレストラン以外で酒を飲んで食事もできる所と言えば、英国のパブ、スペインのバル、フランスのカフェなどがありますが、日本の居酒屋は料理の種類が多く、食事と酒が対等の地位にあります。そして、人と人を結びつけてくれます。知り合いと行けばより親しくなれるし、偶然居合わせた客同士で会話が始まるのも居酒屋ならではです。

串駒のご縁でお近づきになれたのが、師と仰ぐ居酒屋研究家の太田和彦さんです。膨大な数の著書がありますが、中でも、居酒屋巡りを始めた直後の一九九〇年に刊行された『居酒屋大全』は私のバイブルです。隅から隅まで何度も通読しました。太田さんによれば、名店の条件とは、「いい酒、いい人、いい肴」という居酒屋三原則を満たすことです。「いい酒」と「いい肴」が重要なのは当然ですが、九〇年当時この二つを兼ね備えることは決して容易ではありませんでした。料理は素晴らしいが日本酒は数種類のみという高級料亭も多かったようです。日本酒が多様化し、流通も進化した今日では日本酒の品揃えは格段に充実してきました。しかし、三つ目の「いい人」の条件を満たしてこそ真の名店と評価されるのです。ここでいう人とはご主人のこと。立地、酒と肴の選択、器やサービスの質も含めた店の総合的な雰囲気の背後にいるのが主人なのです。この居酒屋三原則には感銘を受けました。長らく安全保障に携わり、非核三原則と武器輸出三原則も担当しましたので、居酒屋三原則もただちに自分の所掌に加え、常に緊張感を持って研究と実践に努めています。

串駒では、太田さんの他に、日本酒ライターの藤田千恵子さん、日本酒カメラマンの名智健二さん、落語家の春風亭勢朝師匠、十四代を醸した高木顕統《あきつな》さんはじめ多くの蔵元、その他、食の関係者、作家、陶芸家、医者、学者、弁護士、メディア関係者、そして、あらゆる業種の企業の方々と知り合いになることができました。九一年一月に、漫画家の尾瀬あきらさんの神亀酒造訪問に同行することができたのも串駒つながりであり、私の記念すべき初の酒蔵訪問でした。小川原良征《おがわはらよしまさ》専務から蔵の片隅に一〇年以上転がっていたという薄い琥珀色《こはくいろ》の酒を飲ませてもらいましたが、それが初めて口にした熟成古酒であり、紹興酒《しょうこうしゅ》のような色と香りに戸惑ったことを覚えています。

在京の外交官や駐在武官もよく連れ出しました。印象に残っているのは、パノフ・ロシア大使や王毅《おうき》中国大使館参事官（現中国外相）です。美酒佳肴《びしゅかこう》に皆さん大満足で、飲み会の後は仕事もより円滑に進むようになります。日本酒外交の効果を実感しました。

日本酒講座・利き酒会も行いました。九八年、串駒で知り合い親しくさせていただいていた日本酒ビジネスの株式会社フルネットの中野繁社長から日本酒セミナー講師の依頼が来ました。すぐに引き受けましたが、後日届いたプログラムのタイトルを見て驚きました。なんと「駄目になる日本酒　その理由」だったのです。プロを相手に門外漢がそんなタイトルで話はできません。当日は「駄目になってほしくない日本酒」と断ってから話しましたが、出版された講演録には元々のタイトルが大きく書かれていて困りました。

外国の外交官と駐在武官を対象とした利き酒会も主催しました。居酒屋には少人数でしか繰り出せませんが、利き酒会なら三〇～四〇人が参加してくれます。防衛庁出向時の二〇〇六年に主催した会費制の会では、自分で揃えた一二種類のお酒に京都の丹山《たんざん》酒造提供の五種類を加えた一七種類の幅広い品揃えとなりました。

この会では、参加者に気に入った酒三つを選んでもらいました。最多得票酒は香りの高い純米大吟醸であり、日本酒に馴染みの薄い外国の方にとってフルーティな芳《かぐわ》しさが魅力的と聞いていたとおりでした。しかし、吟醸以外の酒も健闘しており、日本酒の奥深さと可能性を感じました。利き酒会のつまみは簡単なものでしたが、きちんと料理と合わせていたら異なる結果だったかもしれません。

二〇〇九年、ワインスクールのレコール・デュ・ヴァンの梅田悦生《よしお》さんと畑久美子さんとのご縁から、初めて特別日本酒講座の講師を務めました。ワインを学ぶ方に日本酒の多様性を示したいと思って揃えたお酒は、発泡酒から熟成古酒までの一三種類です。特別に参加いただだいた須藤本家の須藤蔵元からは山桜桃・純米大吟醸二本を提供していただきました。あっという間に二時間が過ぎ、多くの参加者とそのまま二次会に移って日本酒とワインについて大いに語り合いました。

その他、大使として、プレスにはできるだけ出るように心がけました。日本のプレゼンスを示すのも重要な仕事です。国土の小さいカタールではあらゆる場所に顔を出し、毎週写真入りで報じられました。日本酒イベントなどについても、大使館ホームページに写真入りで紹介しました。国内のプレスにも登場しています。一九九六年刊行の文春文庫『日本酒の愉しみ』では表紙写真のモデルになりました。撮影場所は串駒です。二〇〇九年には『読売新聞』日曜版の「酒ひと話」というコラムの執筆を依頼され、五月に五回にわたって連載されました。通読する読者ばかりではないので、毎回完結させつつ全体を一つのテーマで統一する必要性に気付き、お酒に関するさまざまなテーマに触れました。また、『日本醸造協会誌』の二〇〇九年一一月号に「日本酒は『世界酒』になり得るか」が掲載されました。この二つの寄稿が本書の原点とも言えます。なお、二〇一〇年に日本醸造学会の第二回若手シンポジウムで、「日本酒は世界の酒になれるか」と題する講演も行いました。

退官後の二〇一八年一〇月には、『週刊エコノミスト』誌「問答有用」コラムのインタビュー記事「日本酒はいまや人類史上最高の酒になった」が掲載されました。そして『日本醸造協会誌』の二〇二二年四月号には、クラマスターの解説記事を寄稿しました。

これらの記事は写真入りのものも多く、自分でも広く配付して日本酒普及活動において重要な役割を果たしています。

日本酒の称号・資格

日本酒輸出協会顧問への就任と「酒サムライ」への叙任に加え、二〇一九年に長期熟成酒研究会の顧問に、また、二〇二一年にクラマスター協会名誉会長にも就任しました。

最近、多くの日本酒の資格ができています。代表的なものは、日本酒検定、唎酒師《ききさけし》、国際唎酒師、酒匠《さかしょう》、国際酒匠、日本酒学講師、サケ・ディプロマなどです。外務省退官後も日本酒の講演や利き酒会を行ってきましたが、酒サムライという称号だけでなく、資格も有している方が仕事上便利かと思い、一番新しい資格であるWSETの酒レベル3を取得することとしました。WSETは、一九六九年設立のロンドンに本部を置く世界最大のワイン教育機関で、世界七〇カ国で教育組織が運営され、年間約九万五〇〇〇人が認定試験を受験しています。マスター・オブ・ワインにつながる資格として権威があり、日本では、二〇一七年に日本酒に関する二つのコースが設けられました。これも平出淑恵さんの大きな功績です。私が取得したレベル3は英語のみの上級コースです。内容が充実し質の高いテキストに驚きました。このコースは海外でも開講されており、受講者にはソムリエなどワインのプロも多いと聞いています。より専門的な知識を求める層が増えていることは大歓迎です。

漫画、映画に観《み》る日本酒

日本酒の本は多くありますが、最適な入り口の一つが漫画です。漫画との付き合いは古く、創刊号から購読していた『週刊少年マガジン』と『週刊少年サンデー』より前の月刊漫画の時代に遡り、外国勤務中も含め今日まで読み続けています。推薦するのは、尾瀬あきら先生の『夏子の酒』。何よりも主人公である蔵元の娘の夏子が日本酒に惹かれ、若くして亡くなった兄の遺志を継いで幻の米で酒を造ることを決意するという、人間を描いたストーリーに感動します。同時に、酒米の栽培や酒造りの全工程が細部まで描写されており、読者は意識せずに日本酒への理解を深めることができます。漫画に限らず日本酒に関する本を一つ選べと言われても、この作品です。尾瀬先生には、夏子の祖母の時代を描いた『奈津の蔵』や、日系三世の米国人青年が曽祖父の実家の蔵元の再興を目指し、松江で生酛純米酒造りに挑む『蔵人《クロード》』という名作もあります。『夏子の酒』は優に一〇〇回以上は読み返し、海外勤務にも常に携行しました。大使館勤務の若い頃は大使にも読んでもらい、大使になってからは館員に回して日本酒について学んでもらいました。そのために、コミック二セットと文庫版一セットを揃えました。『夏子の酒』はフランス語にも訳され、日本酒普及の大きな力となっています。

酒が登場する映画は数限りなくありますが、酒造りそのものを描いた映画はこれまで意外と少なく、代表的なものが宮尾登美子氏の小説を映画化した『蔵』（一九九五年）でした。最近になって日本酒の造りや造る人に焦点を当てた映画が増えています。カナダで上映会を開催した『カンパイ！世界が恋する日本酒』（二〇一五年）の続編が『カンパイ！日本酒に恋した女たち』（二〇一九年）です。この映画は、日本酒の世界で活躍する三名の女性先駆者たちを追っています。広島の今田酒造本店を継いだ社長・杜氏の今田美穂さん、新たなフードペアリングを提唱する日本酒ソムリエで酒サムライの千葉麻里絵さん、ニュージーランド出身の日本酒コンサルタントのレベッカ・ウィルソンライさんです。その他、能登《のと》杜氏を取り上げたドキュメンタリー『一献の系譜』（二〇一五年）、石川県の手取川を醸す吉田酒造店を取材した『ザ・バース・オブ・サケ』（同）や広島を舞台にした日本酒の物語『恋のしずく』（二〇一八年）、広島における吟醸酒造りの歴史に焦点を当てた『吟ずる者たち』（二〇二一年）があります。日本酒の映画の海外での上映は、日本酒外交を後押ししてくれました。

これらの作品の上映の際は映画館で特別に日本酒の持ち込みを認めてほしいものです。そういえば第一回酒サムライ叙任者の一人である加藤登紀子さんのほろ酔いコンサートは、入場時に紙コップで樽酒が配られ、加藤さんもステージでぐいぐい飲みながら歌い、皆がほろ酔い気分で楽しめる素敵なイベントになっています。もちろん、私はいつも二杯目、三杯目用にお気に入りの酒の四合瓶を持ち込んでいました。

日本酒のネクタイ・年賀状

日本酒好きが高じると、飲んでいない時にも日本酒が生活のあちこちに顔を覗かせます。私はネクタイが好きで、集めているうちに四〇〇本にも達してしまいました。仕事や会食の服装はスーツですので、何かを伝えるためにはネクタイが好都合です。状況に合ったネクタイを締められるようにさまざまなモチーフのものがたくさんあります。コンサートには楽器柄か音符柄、写真展にはカメラ柄、図書展には書棚柄、モーターショーには自動車柄、パキスタン大使主催のマンゴーの会にはマンゴー柄といった具合です。

日本酒イベントは当然として、他に特段のテーマがない時は日本酒のネクタイをして、それをきっかけとして日本酒の話題に触れることも多くあります。海外でワイン柄やビール柄のものが多いのに対し、日本酒ネクタイはほとんど見かけなかったのですが、最近ようやく増えてきて、現在九種類を揃えています。最新のものは多くの日本酒瓶の柄で、大吟醸、純米酒といったラベルの中のいくつかが「門司」となっています。銀座田屋さんがサプライズで作ってくださり、感激しました。カフスは約八〇種類を数え、ワイン関係はいろいろあるのに日本酒関係がなかったので、ミニチュアの日本酒ボトルで自作しました。個々の蔵元では難しいかもしれませんが、県の酒造組合や酒造組合中央会で日本酒グッズを作ってくれるとありがたいと訴え続けています。

年賀状も日本酒発信の重要な手段です。一九八二年から海外勤務中を除き、手作り版画

干支と酒がテーマの年賀状セレクション

の年賀状を出しており、日本酒に出会って後は、版画の中に酒のテーマを入れるようになりました。文言としては、「いい年いい酒いい仕事」や「酒ノム門司ニハ福来ル」などを思いつきました。二〇二一年は、ユネスコ無形文化遺産登録に向けて「日本酒ヲ世界酒ニ!」でした。

日本酒外交の今後

海外で日本酒の普及に努めましたが、数百人単位のレセプションなどがあったとはいえ、仕事で日本酒を紹介できた人の数は、やはり限られていました。幾ばくかでも貢献できたことがあるとすれば、酒類の規制の厳しいカナダで世界最大の酒類購入者であるＬＣＢＯの社長と幹部に日本酒を紹介し、取り扱い店舗と品目が増えたことかもしれません。そして、きちんと日本酒を紹介し、とにかく飲んでもらえば、日本酒の素晴らしさを分かってもらえることに気付いたことが私にとっての収穫です。引き続きそのための努力を払っていきたいと思います。

退官後は、個人事業「交流門」を設立し、日本酒、ポップカルチャーなどを含む日本文化の発信と文化交流をテーマに、講義、講演会、イベントの開催などの活動を行っています。日本酒関連では、在京外交団、在日カナダ大使館、日デンマーク協会などを対象に利き酒会を実施しました。また、最重要の課題として、次章以下で述べる日本酒のユネスコ無形文化遺産登録に向けての活動に力を注いでいます。文化外交では、国民一人一人が外交官ですので、これからも日本酒外交を推進していく所存です。

第六章　日本酒復権の鍵はユネスコ無形文化遺産登録

1　低迷する日本酒

日本酒ブームは本物か

近年、多様で高品質の日本酒が造られるようになりました。これまでの歴史の中で最高の日本酒を飲むことのできる時代の到来です。海外にいても日本酒ブームのニュースをよく目にしました。日本酒の復権だと確信していました。

しかし二〇一七年秋、七年ぶりに日本に戻ってくると何かが違うのです。各地で開催される多種多様な日本酒イベントは、常に大盛況です。雑誌やネットでも日本酒の記事を多く見かけます。しかし、帰国後に参加した多くのレセプションや懇親会では、日本酒の会を除き、日本酒が出されることはありません。ビールとワインが定番で、たまにウィスキーや焼酎が置かれています。誰も日本酒がないことを不思議には思っていません。日本酒の会での熱狂は、一部の日本酒ファンによる例外的な事例ではないかと感じました。

事実がこれを裏付けています。日本酒の出荷量は一九九五年から二〇二一年までほぼ一貫して減少し、最盛期の一九七三年の四分の一にまで落ち込んでいます。酒蔵の数は、昭和初期の約七〇〇〇から一九七〇年には約三五〇〇と半減し、二〇一八年には約一四〇〇になりました。これは免許を有する蔵の数であり、実際に操業している蔵は一〇〇〇程度で、減少はさらに続くと言われています。

その一方で輸出は好調です。輸出金額は一二年間連続で増加し、二〇二一年には四〇〇億円を超えて二〇〇九年比で五・六倍増です。数量も一時落ち込んだものの二・七倍増を達成しました。海外で明らかに日本酒のファンは増えています。一層の健康志向や和食のユネスコ無形文化遺産登録もあって、最近の和食ブームはかつてない新たな次元に入った感があります。これは日本酒への大きな後押しにもなりました。二〇年前には海外に一〇もなかった酒蔵は、現在では六〇蔵にも増えているそうです。米国、ブラジル、オーストラリアに加え、カナダ、メキシコ、フランス、英国、スペイン、ノルウェー、ベトナム、中国、韓国などに酒蔵ができています。最近では獺祭の旭酒造のニューヨーク州進出があります。

とはいえ、日本国内で出荷される全酒類の数量に占める日本酒のシェアは最近は五パーセントを切っており、その約五パーセントが輸出されてきたにすぎません。二〇二一年の輸出比率は七パーセントを超えましたが、その背景には輸出増大とともに分母の国内出荷量の減少があります。

また、輸出先上位一〇カ国の人口を足すと約二〇億人であり、そこに微々たる量の日本酒が入っただけでは広範なブームは起きません。日本酒が買えるのは特定国の大都市のみ、それも一部の日本食材店や酒販店にしか置いていません。少数の人しか買えないし、買わないのが実態です。

以上を踏まえれば、国内と海外において日本酒ブームと呼べるものは確かに存在していますが、それは、地理的にも人的にも極めて局地的なブームにすぎないと言えるでしょう。少数の熱烈な日本酒ファンのサークルの中では熱狂的なブームですが、それを超えて新規ファンの大量獲得にはつながっていないのです。日本酒業界は大きな危機に直面していることを認めなくてはなりません。

日本酒低迷の理由

最近、飲酒人口の減少、特に若者のアルコール離れの傾向が指摘されますが、日本ではワイン、ウィスキー、リキュールなどは数量を伸ばしています。自分自身の経験から、日本酒低迷の原因は、古臭い酒・おじさんの酒・悪酔いする酒といった否定的な先入観による飲まず嫌いにあると長い間思っていました。

しかし、事態はより深刻かもしれません。今では、日本酒が日本の社会や日本人の日常生活の中で居場所を失ってしまったことが原因だと思うようになりました。酒と言えば日本酒であった時代ははるか昔で、今や新成人の親の世代でさえ日本酒を知らないという状況です。人々が日本酒に接する機会はほとんどなく、日本酒は、先入観云々《うんぬん》以前に存在そのものが認識されていないようなのです。日本酒普及のための多くの発信は、そんな人たちを素通りしています。日本酒のサイトに初心者向けのコーナーを設けても、関心のない人はそもそもそのサイトに来てくれません。

今日の日本酒は、アルコールを飲める人が口に含んでくれさえすれば、九九パーセントが美味しいと評価してくれる水準にあると確信しています。では、多くの人に飲んでもらうにはどうすればよいのか。講演で「学校給食ならみんなが口にするのですが、さすがにそれは無理ですし」と述べて顰蹙《ひんしゅく》を買ったことがあります。余談ですが、先にフランスの大学ではカフェテリアでワインやビールを飲めることを紹介しました。日本で投票年齢が一八歳に引き下げられた時点で飲酒年齢も同じにしておけば、大学の食堂で日本酒を出すことも可能になっていたであろうに、と残念です。日本酒関係者には、学校給食で甘酒を出して、子供の頃から米と麹の味と旨さに慣れ親しんでもらえるようにしてほしいとお願いしているところです。

日本酒の復権に向けて

日本酒の復権を目指すにはどうすればいいでしょうか。日本酒の輸出が好調なため、政府も業界も日本酒復興の鍵は輸出にあると考えているようですが、これまでの実績は、少数の熱心な蔵元が世界の多くの地域に何度も通い、多くの時間、労力そして資金をつぎ込んできたからこそ得られたものなのです。輸出増が出荷量減に歯止めをかけることを期待しますが、今後輸出量とその割合は増えても、国内需要はさらに減り、日本酒業界全体が縮小する恐れがあります。

日本酒の真の復権のためには国内需要の喚起が重要と考えます。日本酒が社会の中で居場所を失ってしまった今日の日本は、日本酒が知られていない外国に近い状況ととらえることもできます。海外での経験が以前よりもストレートに国内で活《い》かせるかもしれません。

日本酒の振興の方途について個人的な考えを述べてみたいと思います。

2　日本酒の存在を取り戻す——日本酒をユネスコ無形文化遺産に

ユネスコ無形文化遺産への登録

何よりも重要なことは、人々に日本酒の存在を認識してもらうことです。存在しないものを人は買ったり飲んだりしないからです。そのためには、日本酒にこれまでにない全く新たな価値を付与し、日本酒は単なるアルコール飲料ではなく、日本の文化そのものであり、全国各地で自分たちの身近にあるものだと気付いてもらうことが重要ではないかと思いました。そして、その手段として、二〇一三年末から日本酒のユネスコ無形文化遺産への登録を提唱してきました。

私の外務省広報文化交流部長時代にユネスコ無形文化遺産の登録が始まり、二〇二二年一二月現在、日本については、能楽、人形浄瑠璃文楽、歌舞伎、雅楽、小千谷縮《おぢやちぢみ》・越後上布、奥能登のあえのこと、早池峰神楽《はやちねかぐら》、秋保《あきう》の田植踊、大日堂舞楽、題目立《だいもくたて》、アイヌ古式舞踊、組踊《くみおどり》、結城紬《ゆうきつむぎ》、壬生《みぶ》の花田植、佐陀《さだ》神能、那智《なち》の田楽、和食、和紙、山・鉾《ほこ》・屋台行事、来訪神《らいほうしん》、伝統建築工匠の技、風流踊《ふりゅうおどり》の二二件が登録されています。

最近のいずれの事例においても、登録は全国ネットのテレビニュースのトップを飾り、歓喜に沸く関係者や地元住民の姿が伝えられました。人々が地元の文化を誇りにしていることが分かります。また、和食は、日本人の食生活という全国民に関わる案件であったため、全国的に大きな歓迎の声が上がりました。

日本酒は全四七都道府県で造られており、約一四〇〇の蔵が存在します。もし日本酒の無形文化遺産登録が実現すれば、全国各地で人々が自分たちの地元に酒蔵があることに気付くと思われます。そして、日本酒は日本の文化として自分たちに直接関係するものであると受け止め、登録を歓迎してくれるのではないでしょうか。日本酒関係者は、酒造業界のみならず、酒販業界、料飲業界、そして消費者たる個人を広くカバーしています。また、地方創生の観点からも各種の支持、支援が期待できるのではないでしょうか。国会には日本酒議員連盟があり、国会や地方議会、さらには各種経済団体の支持もあるでしょう。また、登録は、芽生えつつある海外での日本酒人気を後押しし、国際的な日本酒の認知度をさらに増進すると思われます。

私は、ユネスコ日本大使として、二〇一三年一二月の和食の無形文化遺産登録という歴史的瞬間に立ち会うことができ、その直後から各種の講演・講義や日本酒関係者との意見交換において、次は日本酒の番だと強く訴えてきました。そして、二〇二一年一二月に「伝統的酒造り」が新たに設けられた登録無形文化財として登録され、二〇二二年三月に「伝統的酒造り」がユネスコ無形文化遺産に正式に提案されました。

日本人はユネスコが大好き

さらに、世界遺産や無形文化遺産が歓迎される背景として、日本人のユネスコ好きも挙げられるでしょう。ユネスコは、教育、科学、文化を担当する国連の唯一の専門機関であり、第二次世界大戦直後に二度と戦争を起こさないために創られたという経緯があります。ユネスコ憲章前文冒頭の次の一文が平和を希求するユネスコの意義を高らかに謳《うた》い上げています。

「戦争は人の心の中に生まれるものであるから、人の心の中に平和のとりでを築かなければならない」

そしてユネスコは、日本が戦後最初に加盟を認められた国際機関です。日本が主権を回復するサンフランシスコ平和条約発効より前の一九五一年のことで、国連加盟の五年も前になります。ユネスコ加盟は、戦争を起こした日本が平和国家に生まれ変わって国際社会に復帰するという象徴的な意義を有していたのです。ユネスコは、日本では加盟前から高い人気があり、世界で最初のユネスコ協会は一九四七年の仙台ユネスコ協会でした。加盟後も日本は最大の分担金拠出国の一つとしてユネスコの活動を支えてきました。また、一九九九年から二〇〇九年まで松浦晃一郎《こういちろう》元駐フランス大使が日本人として初めてユネスコのトップである事務局長を務め、脱退していた米国を復帰させるなど貢献しました。

無形文化遺産に先行する世界遺産の保護

ユネスコといえば、何よりも世界遺産が有名です。無形文化遺産制度を理解するために必要な範囲内で世界遺産制度に簡単に触れることとします。

世界遺産とは、一九七二年に作成された世界遺産条約の下で「世界遺産一覧表」に記載される「顕著な普遍的価値」があると認められる文化遺産と自然遺産、そして両者が合わさった混合遺産です。文化遺産は、城郭、大聖堂、神社仏閣など不動産の物件であるか又は棚田、ワイン畑など人間と自然との相互作用による共同作品である「文化的景観」である必要があります。また、建造物や景観などが歴史的芸術的に本物であるという「真正性」（いかにオリジナルに近いか）などの条件を満たさなければなりません。

二〇二二年一一月現在、条約の締約国数は一九四。世界遺産の数は一一五四件で、内訳は文化遺産八九七件、自然遺産二一八件、混合遺産三九件です。エッフェル塔やノートルダム大聖堂などのセーヌ河岸、ベルサイユ宮殿、モンサンミッシェル、ローマ歴史地区、ベネツィア、アクロポリス、ギザのピラミッド群、ガラパゴス諸島、グランドキャニオンなど誰でも知っている世界の観光地や名勝の多くが含まれます。

世界遺産の課題の一つが地理的不均衡です。国別の数は、イタリアが五八件で第一位、中国が五六件で第二位ですが、ドイツ、スペイン、フランスと続き、欧州が四四パーセント以上を占めています。欧米が主導してできた制度であり、歴史的な建造物、記念碑、遺跡など石の文化の欧州に偏在しているのです。このことは無形文化遺産の議論にも関係してきます。

日本は一九九二年に一二五カ国目として条約を締結しました。現在の登録数は二五件（文化遺産二〇件、自然遺産五件）で世界第一一位です。私は、平泉、小笠原、富岡製糸場、ル・コルビュジエの建築作品群、明治産業革命遺産、長崎と天草の潜伏キリシタン関連遺産、宗像《むなかた》・沖ノ島の登録に関与することができました。

無形文化遺産の保護を主導した日本

世界遺産条約に遅れること三〇年余、二〇〇三年にユネスコで無形文化遺産保護条約が作成されました。条約は、無形文化遺産の保護・尊重と国際的な協力・援助を目的としています。まず無形文化遺産保護の歴史を眺めてみましょう。

無形文化遺産保護の契機となったのはサイモンとガーファンクルの名曲「コンドルは飛んでいく」の一九七〇年の大ヒットです。この曲は、アンデス地方の民謡をペルー人作曲家が編曲したものを、サイモンとガーファンクルがさらにアレンジした作品です。世界的にヒットしましたが、元の民謡を伝承してきたアンデスの人々には何の利益ももたらしませんでした。そこで一九七三年にボリビアがユネスコに対し、民俗伝承を保護するように求めたのが無形文化遺産への関心の始まりです。これを受けてユネスコや世界知的所有権機関でさまざまな取り組みが追求されましたが、大きな進展はありませんでした。しかし、九〇年代に入ると無形文化遺産保護の動きが活発化しました。背景として三点が挙げられます。

第一は、世界遺産は欧州に圧倒的に偏在しており、その是正がなかなか進まない中、アジア、中東、アフリカ、中南米などには、歌、音楽、踊り、演劇、祭り、陶芸や織物などの工芸品といった、各国、地域、民族の誇る豊かな無形文化遺産があるとの認識が高まったことです。

第二は、グローバリゼーションや社会の変化の中で、多くの無形文化遺産がすでに絶滅したり、絶滅の危機にあったりしたことです。例えば、二〇〇九年のユネスコの報告では約二五〇〇もの消滅危機言語が挙げられています。

第三が日本の貢献です。日本は一九五〇年から文化財保護法の下で有形と無形の文化財をともに保護してきました。そしてこの経験から一九九三年にユネスコに無形文化遺産保護日本信託基金を設置し、世界の無形文化遺産の保護に取り組んできたのです。

日本が推進した無形文化遺産保護条約は、有形文化遺産中心の考えの欧米の強い反対にもかかわらず、アジアやアフリカの国々の支持で二〇〇三年に採択され、日本は二〇〇四年に締結しました。私は、条約局審議官として条約締結の国会承認を担当したので、この条約には強い思い入れがあります。条約は二〇〇六年に発効し、その後、東欧・南欧諸国の参加も得て締約国は二〇二二年一一月現在一八〇カ国を数えます。なお、米国、英国、カナダ、オーストラリア、ニュージーランドは依然として未締結です。

無形文化遺産とは何か

条約第二条は無形文化遺産の定義を定めています。要点のみ説明します。

まず、無形文化遺産は、「慣習、描写、表現、知識、技術とそれらに関連する器具、物品、加工品、文化的空間」であり、さまざまな形態をとります。そして、「社会・集団・個人が自己の文化遺産の一部であると認めるもの」です。自分たちの文化であることが重要で、さまざまな無形文化遺産の間では価値に優劣の差を付けません。最上級の遺産である世界遺産のように「顕著な普遍的価値」は求められていません。

次に無形文化遺産の性質として四点を指摘できます。

①世代から世代へと伝承されること。

②社会・集団が環境や歴史などに対応して絶えず再現すること。

③社会・集団に同一性及び継続性の認識を与えること。

④文化の多様性及び人類の創造性に対する尊重を助長するもの。

ここでは、②で言うように変化を前提としており、世界遺産のように、歴史的芸術的に本物である「真正性」は求められません。また、ユネスコは、社会・集団という広義のコミュニティの役割を重視しています。

そして無形文化遺産が明示される分野として（a）口承による伝統及び表現、（b）芸能、（c）社会的慣習、儀式及び祭礼行事、（d）自然及び万物に関する知識及び慣習、（e）伝統工芸技術、の五分野を例示しています。

条約の下で、「人類の無形文化遺産の代表的な一覧表」（代表リスト）と「緊急に保護する必要のある無形文化遺産の一覧表」（危機リスト）の二つのリストと保護活動の模範例

（グッドプラクティス）の登録簿が設けられています。二〇二二年一二月現在、無形文化遺産は、代表リストに五六九件、危機リストに七六件、グッドプラクティス登録簿に三三件の合計六七八件です。

なお、条約の作成交渉と並行して、一九九八年にユネスコは「人類の口承及び無形遺産の傑作の宣言」を採択し、二〇〇五年までに三回にわたり、日本の能楽、人形浄瑠璃文楽、歌舞伎や、中国の古琴、ベトナムの宮廷音楽、バヌアツの砂絵などを含む九〇件を選定しました。これらは、条約発効後に代表リストに統合されています。

多種多様な無形文化遺産

抽象的な説明では分かりづらいので、無形文化遺産の具体例を見てみましょう。日本の二二件は、中国の四三件、フランスの二六件、トルコの二五件、スペインの二三件に次ぎ、韓国とともに世界第五位です。

なお、登録に向けた国内の動きとしては、今回提案された「伝統的酒造り」の他に、書道、茶道、俳句、温泉文化、長良川鵜飼《うかい》、和服、神楽（追加）などがあります。

我が国では無形文化遺産には伝統文化が多いと思われがちですが、その範囲ははるかに広く、世界的に有名なものや日本人の多くが驚くようなものも登録されています。例えば、フラメンコ（スペイン）、タンゴ（アルゼンチン・ウルグアイ）、ルンバ（キューバなど）、ハープ演奏（アイルランド）、ホルン演奏（フランス・イタリアなど）、香水（フランス）、鷹狩《たかが》り（中東、アジア、欧州などの二四カ国）、風車や水車の技術（オランダ）、海女《あま》文化（韓国）、ヨガ（インド）、タイマッサージ（タイ）、サウナ（フィンランド）、ラクダ・レース（オマーンなど）、雪崩リスク管理（オーストリア・スイス）、機械式時計作り（スイス・フランス）、そして登録件数世界一の中国からは、珠算、書道、古琴、篆刻《てんこく》、京劇、切り紙、活版印刷、養蚕と絹、龍泉青磁、影絵人形劇、鍼灸術《しんきゆうじゆつ》、太極拳などです。日本の文化財保護法の下での無形文化財よりもはるかに幅広い分野が含まれています。

高まる食文化への関心

無形文化遺産との関連で最近注目されているのが食文化です。食文化については、当初無形文化遺産として想定されておらず、懐疑的な声もありましたが、まず二〇一〇年にフランス人の美食、地中海の食事、メキシコの伝統料理が登録されました。先に触れたフランスのピット教授が食文化を社会的慣習ととらえ、登録に道を開いたのです。二〇一三年に和食がこれに続きました。各国とも非常に熱心で、食文化の登録は増加しており、二〇二二年末の政府間委員会では一挙に一〇件が登録され、約四〇件を数えます。ただ、食文化の重要性は認めるとしても、ユネスコの関係者の間に、無形文化遺産リストを各国料理のメニューにすることは適当ではないという声があるのも事実です。

他に、料理文化として、韓国と北朝鮮のキムチ、ナポリのピッツア、モロッコなどのクスクス、シンガポールのホーカー（フードコート）文化、フランスのバゲットパン、北朝鮮の平壌冷麺、ウクライナのボルシチ料理などが、また、飲料としては、トルココーヒー、アラビアコーヒーや、中国の製茶、トルコなどのチャイ（茶）文化などがあります。以上、略称を用いましたが、料理や飲み物それ自体やレシピが無形文化遺産になるわけではありません。例えば、メキシコの伝統料理は、正式には「伝統的なメキシコ料理―先祖伝来の、かつ継続中のコミュニティ文化、ミチョアカンの規範」です。

参考となる三件の酒類の先例

伝統的酒造りの登録に向けて参考になるのが、登録済みの酒類の前例です。ここでは、二〇一九年までに登録された次の三件を紹介します。なお、二〇二二年一二月には、セルビアの伝統的プラム酒スリヴォヴィツアとキューバのライト・ラムの蒸留酒二件が登録されました。

①古代ジョージアの伝統的なクヴェヴリによるワイン製法（二〇一三年）

ジョージアは八〇〇〇年前にワインが誕生した地と言われます。クヴェヴリとは、ワインの製造・熟成・貯蔵に用いられる卵形の土器で、古代ギリシャ・ローマで用いられたアンフォラのように下が尖《とが》っていて自立できないので、地面に埋めて使います。ブドウ栽培、土器の製作を含む伝統的なワイン製法は、代々継承され、広く国内で実践されています。ワインは、人々の日常生活及び世俗的・宗教的な行事・儀礼において重要な役割を果たし、この伝統は、地域コミュニティの生活様式を規定し、料理のアイデンティティと伝承の一部をなしています。

②ベルギーのビール文化（二〇一六年）

すでに第二章で詳述しましたが、ビールは、ベルギーの生きている遺産の一部であり、日常生活や祭礼で大きな役割を果たしています。ベルギーではさまざまな醸造法で約一五〇〇種類のビールが造られ、一九八〇年代から人気のクラフトビールに加え、地域コミュニティやトラピスト派修道院は、各々独特のビールを醸造しています。ビールは料理や食品加工にも使用されます。また、再利用パッケージや水の使用量削減など持続可能な製造の努力が払われています。ビールの知識と技術は家庭、社会、業界、学校を含めさまざまな方法で継承されています。

③フフールによるアイラグ製造の伝統技術と関連の習慣（二〇一九年）

モンゴルではフフール（牛革などの革袋）を使用してアイラグ（馬乳酒）を作る伝統があります。革袋は何世紀にも及ぶ古い知識と技術で個人により作られます。栄養価が高くて消化されやすい馬乳酒は、モンゴル人の日常生活で重要な地位を占め、種々の祝いなどの場面で象徴的な飲み物として重要な役割を果たしています。関係者は、親を通じて伝統的な習慣と知識を引き継いでいます。

以上の前例は、いずれも、伝統的な製法や技術が長きにわたりさまざまな形で継承されてきていること、及び人々の日常生活や宗教的行事、祭礼などにおいて重要な役割を果たしていることを強調しています。さらにベルギービールについては、醸造における改革や持続可能性にも触れています。

なお、世界遺産と酒類との関係も注目されています。多くの著名なワイン生産地域が世界遺産として登録されているのです。具体的には、サンテミリオン、ブルゴーニュ、シャンパーニュ（フランス）、ピエモンテ、プロセッコ（イタリア）、トカイ（ハンガリー）、ラヴォー（スイス）、中部ライン渓谷（ドイツ）、アルト・ドゥーロ（ポルトガル）などです。また、蒸留酒では、テキーラ生産地（メキシコ）が登録されています。

日本酒については顕著な普遍的価値を有する歴史的建造物などはありませんので、世界遺産ではなく、無形文化遺産登録を目指すことが適当です。

和食と和紙の登録

私のユネスコ大使時代に和食と和紙が登録されました。和食の正式な件名は「和食：日本人の伝統的な食文化─正月を例として」です。日本の提案書では、自然の尊重という日本人の精神を体現した食に関する社会的慣習、具体的には、①新鮮で多様な食材とその持ち味の尊重、②栄養バランスに優れた健康的な食生活、③自然の美しさや季節の移ろいの表現、④正月行事などの年中行事との密接な関わりなどの食文化の価値、が強調されました。

また、「和紙：日本の手漉《てすき》和紙技術」は、すでに登録済みの石州半紙に本美濃紙と細川紙の二つを追加して登録し直したもので、拡張登録と言われます。山・鉾・屋台行事（博多祇園《ぎおん》山笠など一八府県三三の祭り）、来訪神（ナマハゲなど八県一〇の伝統行事）、風流踊（二四都府県四一の民俗芸能）も拡張登録で、類似のものをできるだけまとめて登録するためのやり方です。

私が参加したアゼルバイジャンのバクーと、パリのユネスコ本部における二回の政府間委員会の会場では、議場外のホールでさまざまな無形文化遺産がその担い手により紹介されていました。また、議場内では、登録が決定した直後に該当する舞踊や音楽などのパフォーマンスが行われ、関係者の喜びと自分たちの文化に対する誇りが伝わってきました。

登録の手順は次のとおりです。まず、締約国は毎年三月末までにユネスコに提案書を提出します。提案書は、政府間委員会のメンバー国以外の六つの締約国の専門家と六つの非政府機関の代表の計一二人から成る評価機関により評価され、勧告が出されます。それを踏まえ、二四カ国から成る政府間委員会において審議され、「記載（登録）」、「情報照会」、「不記載（不登録）」の三つのいずれかの決定が行われます。毎年の審査案件数に上限が付されているため、日本を含め登録件数の多い国の提案は事実上隔年審査となり、二年に一件しか審査してもらえません。

3 「伝統的酒造り」の無形文化遺産提案

「伝統的酒造り」の提案概要

さて、ユネスコに提案された「伝統的酒造り」の提案概要は次のとおりです。

①名称：「伝統的酒造り：日本の伝統的なこうじ菌を使った酒造り技術」

②内容：伝統的なこうじ菌を用いて、近代科学が成立・普及する以前の時代から、杜氏・蔵人《くらびと》等が経験の蓄積によって探り出し、手作業のわざとして築き上げてきた酒造り技術。日本の各地でその土地の気候や風土に応じ、多様な姿で受け継がれている。儀式や祭礼行事など、今日の日本人の生活の様々な場面にも不可欠であり、日本の様々な文化と密接に関わる酒を生み出す根底ともなる技術である。

③分野：伝統工芸技術、社会的慣習・儀式及び祭礼行事、自然及び万物に関する知識及び慣習

④構成：国の登録無形文化財である「伝統的酒造り」

⑤保護措置：技術の維持・研究、伝承者養成、記録作成、原材料・用具の確保・保存、普及啓発等

⑥提案要旨

●五〇〇年以上前に原型が確立し、発展しながら受け継がれている日本の伝統的酒造り（日本酒、焼酎、泡盛など）は、米・麦などの穀物を原料とするバラこうじの使用という共通の特色をもちながら、日本各地においてそれぞれの気候風土に応じて発展し、受

け継がれてきた。技術の担い手の杜氏・蔵人たちは、伝統的に培われてきた手作業を、五感も用いた判断に基づきながら駆使することで、多様な酒質を造り出している。

●伝統的酒造りは、米や清廉な水を多く用い、自然や気候に関する知識や経験とも深く結びついて今日まで伝承されている。また、こうした伝統的な技術から派生して様々な手法で製造される酒は、儀式や祭礼行事など、幅広い日本の文化の中で不可欠な役割を果たしており、その根底を支える技術と言える。

●このような酒を造るプロセスは、杜氏・蔵人たちのみならず広く地域社会や関連する産業に携わる人々により支えられており、この技術のユネスコ無形文化遺産代表一覧表への登録は、酒造りを通じた多層的なコミュニティ内の絆《きずな》の認知を高めるとともに、世界各地の酒造りに関する技術との交流、対話を促進する契機ともなることが期待され、無形文化遺産の保護・伝承の事例として、国際社会における無形文化遺産保護の取組に大きく貢献する。

「伝統的酒造り」の今後の審査

日本の案件の審査は、各国からの提案の総数にもよりますが、二〇二三年三月の再提出、その後の評価機関による審査、二〇二四年一〇月頃の評価機関の勧告、同年一一月頃の政府間委員会での審議・決定というスケジュールになる可能性が高いと思われます。評価機関から登録の勧告を得ることが極めて重要ですが、実は、評価機関による審査は、和食登録時に比べて非常に厳しくなっています。過去四年では、平均で三分の一の提案が登録の勧告を得られていないのです。伝統的な酒造りについては、予想される質問にきちんと答えられるように準備するとともに、再提出後の審査の開始前から非公式な形で関係者にさまざまな働きかけを行っていくことが重要と考えます。

公表された提案概要を見ると、「伝統的酒造り」が無形文化遺産保護条約に定義する一件の無形文化遺産に該当するかどうかが主要な論点になるのではないかと思われます。日本の提案は、「こうじ菌を使った酒造り技術」と技術に焦点を当てていますが、「伝統的酒造り（日本酒、焼酎、泡盛など）」の記述もあり、醸造酒である日本酒と蒸留酒である焼酎や泡盛とをまとめて一つの無形文化遺産とすることについて説明できるようにすることが重要と思われます。なぜなら、これら二種類の酒は世界では一般的に別々の酒と認識され、そのように取り扱われているからです。具体的には、一つの無形文化遺産の中で、製造法・技術や原料などの違い、発祥や伝承の歴史の違い、地理的分布の違いをどう説明するのか、また、一つの無形文化遺産としての社会的機能と文化的意義や、担い手についてどう説明するのかなどについて検討しておく必要があるでしょう。

なお、無形文化遺産の分野としては、酒造りは、杜氏をはじめとする職人集団による口承による伝承の長い歴史を有しており、「元摺《もとす》り唄」など「酒造り唄」の保存の動きもあるので、口承による伝統及び表現の分野も加えてはどうかと思います。

第七章　具体的な日本酒振興策

ここまで日本酒の存在に気付かせるための方途について述べてきました。日本酒が知られるようになれば、次は、個々の日本酒を知ってもらうこと、日本酒を口にしてもらうこと、そして、日本酒を売ってもらい、買ってもらうことが目標となります。これらの観点から、日本酒振興のための具体的な施策について、これまで必ずしもきちんと取り上げられてこなかった点も含め、個人的見解を述べたいと思います。主に海外で感じたことですが、日本国内でも参考になればと思います。

まず、現在全国各地で行われているさまざまな活動は極めて重要であり、今後とも継続してほしいと思います。日本酒フェスティバル、利き酒会、料理とのペアリング会など多種多様な日本酒普及活動です。二〇二〇年から開催の東京酒フェスティバルは、日本酒とは縁の薄かったゲーム業界とのコラボレーションであり、新たなファンの獲得といった視点は極めて有用です。新規分野のさらなる開拓が期待されます。文化としての日本酒の認知度が高まれば、実際に日本酒に触れ、味わうことのできるこれらのイベントの重要性は増大するでしょう。また、コロナ禍で低迷するインバウンド観光も必ずや復活すると信じています。海外の方にとって日本酒は和食とともに大きな魅力であり、酒蔵ツーリズムやＧＩ（地理的表示）は、「日本酒観光」の推進力になるでしょう。

1　個々の日本酒を知ってもらう

ラベルに語らせる

カテゴリーとしての日本酒に次いで個々の日本酒を知ってもらう必要があります。そこで最も重要な役割を果たすのがラベルです。現在の多くのラベルは、日本酒の情報を飲み手に十分に伝えきれていません。日本語が通じない海外においてはなおさらです。すでに世界酒となっているワインのラベルがお手本となります。前出の太田和彦さんは「ラベルの国際化」を提唱されています。この点については、ジェトロの日本食品海外プロモーションセンター（ＪＦＯＯＤＯ）による輸出用「標準的裏ラベル」などの動きもあります。

日本酒の銘柄名が読めなければ、覚えておくことも注文することもできません。名前をローマ字で併記しているラベルもありますが、望ましいのは、ある程度の距離からでも視認できることです。漢字表記は外国ではデザインとしての活用も十分あり得ますが、それと認識されやすさとを両立させる必要があります。海外での販売を念頭に、場合によっては新ラベルや新名称にすることも選択肢に入るでしょう。

日本酒について表示が義務づけられている事項以外の情報で飲む側として承知しておきたいのは、香りと味、アルコール度、保存温度と飲用温度、米の品種、合う料理ではないでしょうか。アルコール度と適温については簡単に表示ができます。原料米の品種も記載条件を満たす場合には同様です。香りと味については、すでに触れたとおり、日本酒造組合中央会による四分類を活用し、属するカテゴリーに加え、香りの高低や味の濃淡の程度まで表示されれば本当に役立ちます。

大量の情報はＱＲコードを活用

やっかいなのが料理との相性です。海外から日本酒を注文した時に、蔵元自らが自分の酒と相性の良い料理の例を挙げた資料を参考にしたことがあります。しかし、この記載が役に立つとは限らないのです。例えば、「和食全般」「繊細な和食、海鮮料理」など料理の範囲が広すぎる表示は何も言っていないのと同じです。また、「刺身、寿司、天ぷら」、「焼き魚、煮物」など料理の分野を記載したり、「松阪牛のすき焼き」、「筑前煮、鯖《さば》の味噌煮」など少数の特定の料理を挙げたりするものは、それ以外の料理との相性が不明です。中には多くの和洋中の料理名を挙げているものもあり、お酒を選ぶ上で参考になりますが、世界各国を相手にする場合、どの料理を記載するかの問題があり、また、ラベルの限られたスペースに記載することは困難です。

個人的には、お酒の味と香りを四分類で表示できるのであれば、日本酒造組合中央会の資料を基にそれぞれのタイプに合う料理を記載したパンフレットを準備するか、ラベル記載のＱＲコードから携帯にダウンロードできるようにすることが適当と考えます。あっさり味の料理、味付けの濃い料理など合う料理の特徴とともに、和洋中からある程度の数の料理を示すことができます。手元にある和歌山県の吉村秀雄商店のお酒「車坂」の表ラベルに二四の料理名が、また、同商店の「根来桜《ねごろざくら》」の裏ラベルにお酒の情報のQRコードが掲載されています。

なお、複雑な特定名称酒の表示を用いないことも検討に値すると思われます。四分類と、発泡酒、にごり酒といった酒自体の特徴とを組み合わせるのも一案です。

日本酒の場合、産地による特徴の違いはワインの場合ほど大きくないので、日本地図上での産地の表示は、可能な場合に行うということでいいと思います。もちろん、土地、米、蔵、醸す人といった酒にまつわるストーリーは、是非伝えたい重要な事項です。しかし、小さなラベル上での表現には限界があるので、関心のある人向けにラベル上のQRコードから製造蔵のホームページに導くやり方も可能でしょう。なお、福井県の梵の醸造元の加藤吉平商店は、空き瓶を使用した不正な流通を防ぐため、酒瓶の首のICタグにスマホをかざすと、商品情報に加え、それが未開封のものであるかどうかが表示される最新の技術を、主力商品の海外輸出の一部について二〇二二年一一月から導入しています。

日本酒の世界でもSNSの活用が重要になってきていることは言うまでもありません。海外を相手にする場合、少なくとも英語の使用は不可欠です。

2　日本酒を口にしてもらう

「日本酒には和食」は思い込み

次はとにかく日本酒を口にしてもらうことです。味わってさえくれれば多くの人が美味しいと思うであろうことはすでに触れました。海外ではレストランが出発点となります。和食が世界的ブームになり、日本食レストランの数は飛躍的に伸びています。政府の調査によれば、二〇一九年は約一五万六〇〇〇店を数え、二〇一七年調査時から二年間で約三割の増加、二〇〇六年に比べなんと六・五倍の増加です。しかし、和食以外のレストランへの日本酒の普及は限定的です。日本酒には和食という思い込みがあるからでしょう。

このような状況において、改めてフランスのクラマスターの存在に注目しています。フレンチレストランで日本酒が出されると、ゲストは、日本酒とフランス料理の相性の良さに気付かされます。自分たちの普段の食事にも合うことが分かると、日本酒の家飲みにつながっていくかもしれません。フレンチからイタリアン、中華など他の料理のレストランに波及することも期待しています。日本人の多様な食生活に最も合う酒が日本酒であることに日本人が気付く契機となってほしいものです。

多種多彩な料理には多様な日本酒を

日本酒をあらゆる料理に合わせるためには、多様な日本酒を揃える必要があります。これまで、海外でも日本でも、最上級とされ価格も一番高い純米大吟醸酒・大吟醸酒が歓迎されてきましたが、実は、大吟醸に合う料理の幅はかなり狭いのです。そこで、大吟醸一辺倒を脱却し、日本酒のフルラインナップの中から適当な種類をいくつか揃えることを提案したいと思います。発泡酒、吟醸酒（純米大吟醸・大吟醸、純米吟醸・吟醸）、純米酒（純米・特別純米）、本醸造酒（本醸造・特別本醸造）、貴醸酒、長期熟成酒です。これらには生酛・山廃といった造りの違い、絞りの程度、火入れや濾過の有無などによるバリエーションもあります。さらに燗酒もあり、日本酒の多様性はあらゆる酒類の中でも抜きん出ています。

なお、料理ごとに異なる酒を合わせる場合には多くの種類の酒が必要となりますが、日本酒は開栓しても酸化による劣化がワインに比べて緩やかですので、グラス売りに適しています。また、消費量が少ない少人数での自宅飲みでもワインのように飲み切らなくてもいいので、対応がより容易です。

3　日本酒を売ってもらう、買ってもらう

日本酒の販売については、まずは酒販店に置いてもらう必要があり、その上で売れることが必要です。苦労して店頭に並べてもらえても、売上げが悪いとただちに他の商品に置き換えられてしまいます。お客が買いやすいようにする工夫も重要です。ここでは、問題点の指摘を中心に簡単に四点述べます。

海外で高すぎ、国内で安すぎる価格

第一は価格です。日本酒の価格は、海外では高すぎ、国内では圧倒的に安すぎます。国内では、原料米の価格や精米歩合などを考慮した原価に基づく価格付けが長い間に定着しており、多くの労働と時間を費やす生産努力への妥当な考慮が払われていません。他の酒類では考えられないほど複雑で繊細な造りの工程こそが日本酒の最大の付加価値なのです。それに見合った価格に引き上げる必要があると考えます。他方、海外では日本国内の市場価格の三倍から五倍もの価格になることが問題です。レストランではそれがさらに倍増します。同じ価格帯で質も知名度も高い多くのワインと競合する可能性があります。

国内価格を上げると海外価格がさらに上がるのではないかと思われるかもしれません。クラマスター会長のグザビエ・チュイザさんによると、フランスワインは国内卸価格よりかなり安く輸出しているので、国内価格と海外での価格との差がそれほど大きくないそうです。国内価格を上げることにより、酒蔵の経営を安定させ、海外向けの適切な価格設定が可能になってほしいものです。同時に、中間マージンの削減など流通の改善を図ることにより海外での価格を下げることも求められています。個人的には、国にもよりますが、求めやすい二〇米ドル以下の商品を増やす必要を感じています。米国での獺祭やフランスでのWAKAZEなどの現地生産はこの観点から一つの効果的な対応でしょう。

なお、富裕層のマーケットは確かに存在しますので、プレスティージ商品の開発も重要です。サケ・ハンドレッドや英国の堂島酒醸造所などによる取り組みが成果を挙げてきています。この動きは、国内での画一的な価格付けへの問題提起としても意味があると考えます。

敬遠される高いアルコール度

第二は、アルコール度です。温暖化によりワインのアルコール度数が上がってきていますが、私の経験では、平均的な日本酒の一六度でも外国人にはやや強すぎます。ましてや一七度以上の原酒は、若干の例外を除き、受け入れられていません。外国人向けのお酒を選ぶとき、自分の好みとは関係なく一七度以上の酒は機械的に除外せざるをえませんでした。日本でも最近の若者は強い酒を飲みません。アルコール度の高い焼酎やウィスキーでも、口にする時点ではハイボールなどの日本酒より弱い酒になっているのです。最近では低アルコールの日本酒も造られるようになりました。個人的には、一二～一四度とワイン程度でありながら、しっかりと旨味を残した日本酒ができれば理想的です。なお、日EU経済連携協定により、日本酒の関税はゼロになりましたが、フランスの国内税である酒税は、アルコール度が一五度を超えると約六三倍に跳ね上がることも考慮すべきでしょう。

冷蔵保存の徹底は困難

第三は冷蔵保存の問題です。日本酒は造り方だけでなく、できた製品も繊細であり、その取り扱いには注意を要します。特に吟醸酒や生酒など冷蔵保存を要する酒について、海外で正しい扱いをどこまで期待できるでしょうか。カナダでは、販売店でもレストランでも一部の例外を除いて問題がありました。白ワインと同様、サーブする前に冷やせばいいという感覚です。海外では決して回転の速い商品ではないので、劣化の恐れもあります。この点については、根気強く関係者を説得するしかありません。同時に、吟醸酒中心ではなく、それ以外の多様な種類の酒を含むラインナップを用意することがある程度の解決策になります。純米酒、本醸造酒、古酒は、特別に暑い地域でない限り、基本的に冷蔵保存までしなくてもよい場合が多いと思われます。

なお、品質保持の観点からは、南部美人が液体急速冷凍の技術による瞬間冷凍の生酒「スーパーフローズン」を発売し、注目されています。この技術は、他に、旭酒造や若鶴酒造が試みています。保管中の冷凍の徹底も大変ですが、幅広い温度帯の冷蔵より扱いやすいでしょう。

飲み手に応じた多様な容器

第四は容器の問題です。日本酒は一升瓶（一・八リットル）が基本です。飲食店を念頭に置いているからかもしれません。一升瓶一本と四合瓶（七二〇ミリリットル）二本が同じ価格なので四合瓶は明らかに割高です。ワインでは、七五〇ミリリットルのボトルが基本で、二本分の容量のマグナムの価格は二倍以上することが一般的です。これは、ボトルの製造コストが高いことや少ない流通量などに加え、長期熟成に適していることから、特別の品という印象が定着しているからです。

一般消費者が主に購入する四合瓶が割高であることは残念なことです。また、一升瓶は家庭用冷蔵庫には大きすぎます。私は一升瓶から四合瓶に移し替えていますが、四合瓶二本では二合余って困るので、その場で飲んで解決していました。

さらに輸出も考慮に入れ、国際基準の七五〇ミリリットルのワインボトルの活用も考えられるのではないでしょうか。スクリューキャップ式のワインボトルも増えています。四合瓶との差は三〇ミリリットルしかありませんが、わずかでも増量になることや瓶の交換など諸費用を考慮すれば、安すぎる日本酒の価格を上げる契機となり得るかもしれません。

最近は、三〇〇、二七〇、一八〇ミリリットルといった小型サイズの瓶や缶も増えてきました。日本酒を知らないがちょっと飲んでみたいという人にぴったりです。一八〇ミリリットルのアルミ缶入り日本酒という、澤田且成《かつなり》さんのＫＵＲＡ　ＯＮＥによる取り組みは、軽くて輸送に適し、劣化も防げるというメリットがあります。海外で飲み手に届く時点での価格をいかに抑えられるかが鍵になるでしょう。

4　酒造業界は起業家の参入を必要としている

最後に、酒好きの一消費者の立場から免許制度の問題にも触れたいと思います。現在、新たに製造免許を取得することは実際上不可能となっています。需要が減っているため需給調整が必要という理由です。そのため新規参入の希望者が、製造を止めた酒蔵や廃業を検討中の酒蔵を買い取って生産を行うといった例も出てきています。最近認められた例外が、輸出用限定の日本酒製造への新規参入です。国内での販売はできないにもかかわらず、海外での競合が生ずると業界での反発もあったと聞きます。

個人的には、意欲を持った生産者の新規参入は業界の活性化に資するので歓迎すべきであると考えます。第二章でカナダのワインの質の向上について触れましたが、その背景について本項との関連で少し触れます。一九八九年に米カナダ自由貿易協定が締結されましたが、その交渉の過程で、カナダのワイン生産者は強い反対の立場をとりました。当時のカナダは上質のワインを産しておらず、自由化すれば知名度の高い米国カリフォルニアワインにより大きな打撃を受けることを恐れたのです。そのため、カナダ政府は、生産者に従来の北米系種ブドウから世界のワイン用ブドウの主流である欧・中東系ブドウへの植替えを奨励し、補助金も出しました。そして、フランスから技術指導を受けて品質向上を目指す生産者も現れ、その結果カナダワインの質が大幅に向上しました。努力した者は生き残るが、そうでない者は淘汰《とうた》されることを示しています。以上は、駐カナダ大使当時、日本政府がカナダに対しTPP協定の締結を呼びかけており、その関係でカナダ連邦議会下院国際貿易委員会の二回の公聴会で証言した際に、カナダの自由貿易協定への対応につき種々調べる中で知ったことです。

また、ベルギーでは一九七〇年代までに多くのビール醸造所が廃業しましたが、八〇年代以降、若い世代が伝統的なビール造りを復活させてきました。私が九二年に訪ねた醸造所は、自宅のガレージで小規模なビール造りを始めたところでしたが、その一〇年後の再訪時には、有名ブランドに成長していて嬉しく思いました。

日本では、一〇〇年、二〇〇年、そしてそれ以上の歴史を有する蔵を継いだ若い当主たちが、伝統を踏まえた上で改革に取り組み、新たな酒造りに挑戦して素晴らしい酒を生み出しています。また、他の蔵の取得や輸出目的の免許取得による酒造り、さらには海外での酒造りを始める若い世代も出始めており、大胆な戦略でこれまでになかった酒が登場しています。伝統ある日本酒業界こそ若く力強い起業家精神を必要としています。日本酒の復権を目指すのであれば、新たな血と活力を導入し、業界全体として高みを目指す必要があると考えます。

おわりに

これまでのお酒との付き合いを踏まえ、日本酒の現状と未来について述べてきました。そして、日本酒が本当に多くの方々とのご縁を作ってくれたことに改めて驚かされました。紙面の都合でお名前に言及できなかった方々を含め、これまでさまざまな場面でお世話になったすべての皆様に心よりお礼申し上げます。

ちょうどコロナ禍の時期に当たり、会食の自粛や酒類の提供禁止などの措置もとられ、お酒にとって厳しい状況が続いてきましたが、本書ではあまりそれには触れていません。過去の疫病と同様、人類がこれを乗り越えることは明らかだからです。また、人類の歴史とともにある、というか、一説によると人類の進化を促したとされる酒類が私たちの生活から消えることはないでしょう。

私は、一九九八年の講演で、日本酒は世界酒になることはないだろうと述べました。

「日本酒には和食」との考えに囚《とら》われていて、日本酒が多様な料理に合うことについての認識がなかったからです。その後、日本酒の多様な料理との相性の良さを発見し、二〇〇九年の寄稿では「日本酒は世界酒になり得る」と結論を変えました。和食も、健康志向やユネスコ無形文化遺産登録もあって世界的なブームになりました。執筆中に伝統的酒造りがユネスコ無形文化遺産に提案されるという大きな前進があり、また、私自身フランスのクラマスター協会名誉会長に就任するという驚きもありました。日本酒は、和食の普及に加え、その多様な料理との相性により、日本国内、そして世界に広がっていくと確信しています。日本酒を真の「国酒」そして「世界酒」にするために、さらに努めていく所存です。日本人の食生活にぴったりの日本酒を楽しむことで皆様にも応援していただければ幸いです。

最後に、ご担当いただいた集英社の千葉直樹氏と渡辺千弘氏に対し発刊までのご支援につき厚くお礼申し上げます。

二〇二二年一二月

門司健次郎

主な参考文献

●全般

坂口謹一郎『世界の酒』岩波新書、一九五七年

坂口謹一郎『日本の酒』岩波新書、一九六四年

●お酒の製造法など

和田美代子著、高橋俊成監修『日本酒の科学　水・米・麴の伝統の技』講談社ブルーバックス、二〇一五年

鮫島吉廣・高峯和則『焼酎の科学　発酵、蒸留に秘められた日本人の知恵と技』講談社ブルーバックス、二〇二二年

長期熟成酒研究会編『古酒神酒　長期熟成酒の魅力』長期熟成酒研究会、一九九五年

菊地亮太「データ同化を用いた日本酒醸造工程の支援システムの開発」、『日本醸造協会誌』114巻11号、二〇一九年

『日本の伝統的なこうじ菌を使った酒造り」調査報告書』国税庁、二〇二一年

小泉武夫・角田潔和・鈴木昌治編著『酒学入門』講談社サイエンティフィク、一九九八年

Understanding sake: Explaining style and quality, WSET, 2016

●日本酒の歴史について
吉田元『日本の食と酒』講談社学術文庫、二〇一四年
神崎宣武『酒の日本文化　知っておきたいお酒の話』角川ソフィア文庫、二〇〇六年
小泉武夫『日本酒の世界』講談社学術文庫、二〇二一年
宮崎正勝『知っておきたい「酒」の世界史』角川ソフィア文庫、二〇〇七年
アンドリュー・カリー「酒と人類　９０００年の恋物語」、『ナショナル ジオグラフィック日本版』二〇一七年二月号

●居酒屋について
太田和彦『居酒屋大全』講談社、一九九〇年
下田淳『居酒屋の世界史』講談社現代新書、二〇一一年

●最近のお酒の動向について
都留康『お酒の経済学　日本酒のグローバル化からサワーの躍進まで』中公新書、二〇二〇年
都留康『お酒はこれからどうなるか　新規参入者の挑戦から消費の多様化まで』平凡社新書、二〇二三年

●ペアリングについて
葉石かおり監修『日本酒のペアリングがよくわかる本』シンコーミュージック・エンタテイメント、二〇

一七年
千葉麻里絵・宇都宮仁『最先端の日本酒ペアリング』旭屋出版、二〇一九年

●ユネスコ世界遺産と無形文化遺産について
七海ゆみ子『無形文化遺産とは何か』彩流社、二〇一二年
古田陽久『世界無形文化遺産データ・ブック　2020年版』シンクタンクせとうち総合研究機構、二〇二〇年
国末憲人『ユネスコ「無形文化遺産」　生きている遺産を歩く』平凡社、二〇一二年
ユネスコホームページ：Intangible Cultural Heritage の多くのユネスコ文書
松浦晃一郎『世界遺産　ユネスコ事務局長は訴える』講談社、二〇〇八年
西村幸夫・本中眞編『世界文化遺産の思想』東京大学出版会、二〇一七年

●ベルギービールについて

Michael Jackson, *The Great Beers of Belgium*, Prion Books, 2001 edition

●日本酒の海外普及について

中條一夫『できるビジネスマンは日本酒を飲む』時事通信社、二〇二〇年
久慈浩介『日本酒で〝ＫＡＮＰＡＩ〟岩手から海外進出を果たした『南部美人』革新の軌跡』幻冬舎メ

ディアコンサルティング、二〇二二年

●漫画

尾瀬あきら『夏子の酒』、講談社『モーニング』一九八八〜九一年
尾瀬あきら『奈津の蔵』、講談社『モーニング』一九九八〜二〇〇〇年
尾瀬あきら『蔵人』、小学館『ビッグコミックオリジナル』二〇〇六〜〇九年
亜樹直原作、オキモト・シュウ作画『神の雫』、講談社『モーニング』二〇〇四〜一四年、二〇一五〜二〇年

●その他

Jancis Robinson, "For the sake of sake", *Financial Times*, 2016/10/8-9
寺西千代子『国際ビジネスのためのプロトコール』有斐閣ビジネス、一九八五年
文藝春秋編『日本酒の愉しみ』文春文庫、一九九六年

門司健次郎（もんじ　けんじろう）

一九五二年福岡県生まれ。七五年に外務省に入省。主に条約、安全保障、文化交流、経済を担当。フランス、オーストラリア、ベルギー、英国の日本大使館、欧州連合（ＥＵ）日本政府代表部に勤務の後、イラク、カタール、ユネスコ、カナダで大使を歴任し、二〇一七年に退官。外交での日本酒の活用を推進し、日本酒造青年協議会により「酒サムライ」に叙任。フランスにおける日本酒コンクール「クラマスター」の名誉会長も務める。

日本酒外交《にほんしゅがいこう》　酒《さけ》サムライ外交官《がいこうかん》、世界《せかい》を行《ゆ》く

集英社新書一一五〇Ａ

二〇二三年一月二二日　第一刷発行

著者……門司健次郎《もんじけんじろう》

発行者……樋口尚也

発行所……株式会社集英社

東京都千代田区一ツ橋二-五-一〇　郵便番号一〇一-八〇五〇

電話　〇三-三二三〇-六三九一（編集部）
〇三-三二三〇-六〇八〇（読者係）
〇三-三二三〇-六三九三（販売部）書店専用

装幀……原　研哉

印刷所……大日本印刷株式会社　凸版印刷株式会社

製本所……加藤製本株式会社

定価はカバーに表示してあります。

ISBN 978-4-08-721250-1 C0236

Printed in Japan

a pilot of wisdom

スノーデン　監視大国　日本を語る　エドワード・スノーデン　国谷裕子 ほか
「働き方改革」の嘘　久原　穏
国権と民権　佐高　信　早野　透
限界の現代史　内藤正典
除染と国家　21世紀最悪の公共事業　日野行介
安倍政治　100のファクトチェック　南　彰　望月衣塑子
「通貨」の正体　浜　矩子
隠された奴隷制　植村邦彦
未来への大分岐　マルクス・ガブリエル　マイケル・ハート　ポール・メイソン　斎藤幸平・編
「国連式」世界で戦う仕事術　滝澤三郎
国家と記録　政府はなぜ公文書を隠すのか？　瀬畑　源
水道、再び公営化！　欧州・水の闘いから日本が学ぶこと　岸本聡子
改訂版　著作権とは何か　文化と創造のゆくえ　福井健策
朝鮮半島と日本の未来　姜　尚中
人新世の「資本論」　斎藤幸平
国対委員長　辻元清美
アフリカ　人類の未来を握る大陸　別府正一郎

〈全条項分析〉日米地位協定の真実　松竹伸幸
日本再生のための「プランB」　兪　炳匡
新世界秩序と日本の未来　内田　樹　姜　尚中
世界大麻経済戦争　矢部　武
中国共産党帝国とウイグル　橋爪大三郎　中田　考
安倍晋三と菅直人　尾中香尚里
ジャーナリズムの役割は空気を壊すこと　森　達也　望月衣塑子
代表制民主主義はなぜ失敗したのか　藤井達夫
会社ではネガティブな人を活かしなさい　友原章典
自衛隊海外派遣　隠された「戦地」の現実　布施祐仁
北朝鮮　拉致問題　極秘文書から見える真実　有田芳生
アフガニスタンの教訓　挑戦される国際秩序　山本忠通　内藤正典
原発再稼働　葬られた過酷事故の教訓　日野行介
北朝鮮とイラン　福原裕二　吉村慎太郎
歴史から学ぶ　相続の考え方　神山敏夫
非戦の安全保障論　柳澤協二　伊勢﨑賢治　加藤　朗　林　吉永
西山太吉　最後の告白　西山太吉　佐高　信